# Pieces contenues en ce Volume



14 l0. ).

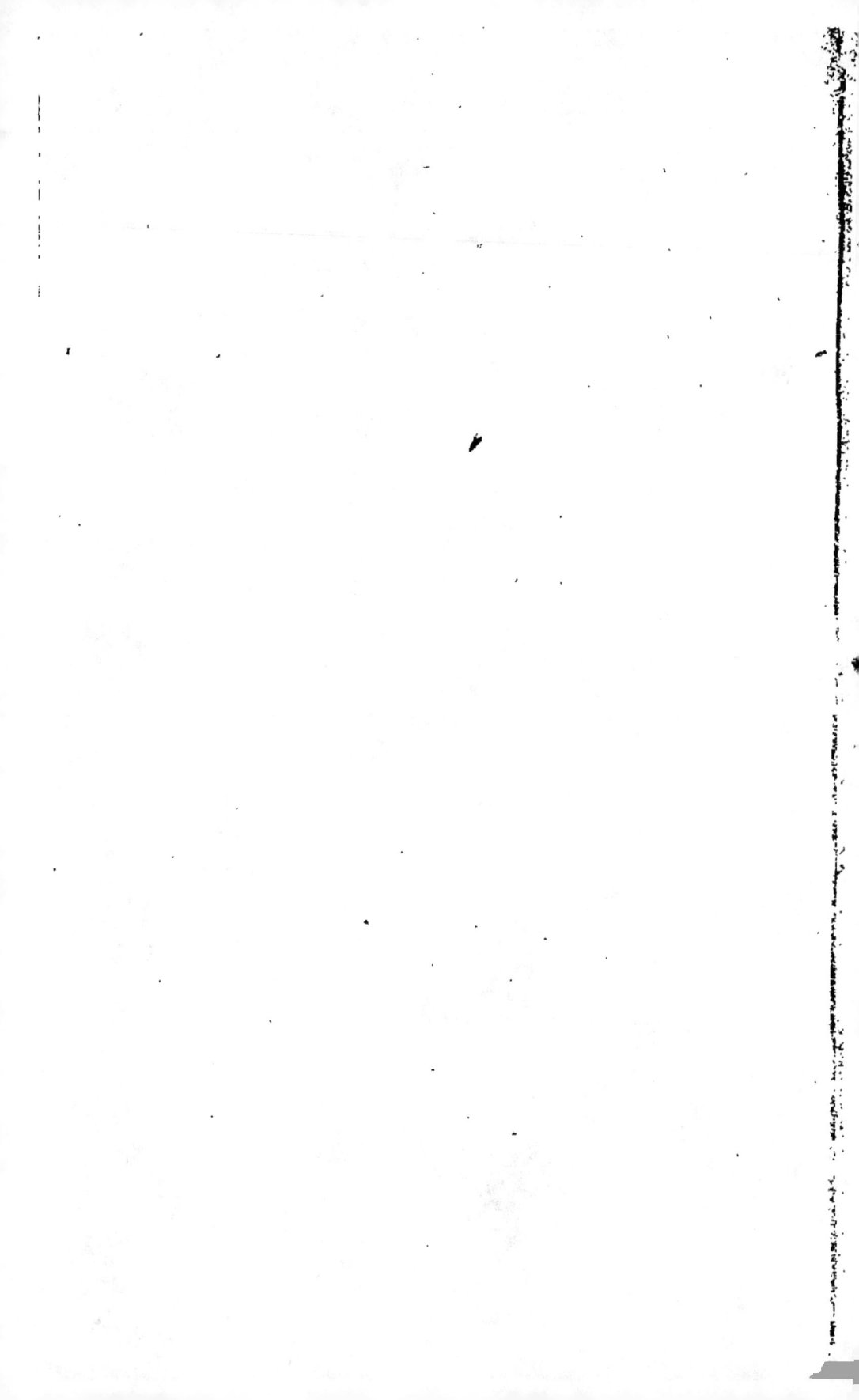

# LA REFORMATION de ce Royaume AV ROY.

SIRE,

Puisque vostre Maiesté veut & a dit dés son enfance à la Royne sa Mere, que vouliez estre appellé Louys le Iuste, il faut donc pour paruenir à tiltre si glorieux & loüable, en faire les actions, & viure & gouuerner vostre Estat, en sorte que iamais ce Nom ne vous soit changé, & qu'à l'imitation de vos mœurs, vos successeurs prennent exemple, & que pour que faciez reussir vn si bon dessein, il faut & est necessaire, tant pour la conseruation de ce Nom, que pour le maintien de vostre Royaume, y faire vne reformation generale; de peur aussi qu'au lieu de ce Nom de Louys le Iuste, vous soyez appellé Louys le Simple, & soyez deposſedé de vostre Royaume, duquel ne serez iamais asseuré que les Huguenots & Rochelois principalement ne soient entierement despouillez de toutes leurs fortifications, assemblées, conferences & armes; Car si ne vous rendez maistre de leurs villes, vous n'estes point Roy, & ne debués qu'attendre l'heure qu'ils vous couperõt la gorge, & au plus de Catholiques qu'ils pourront, & surprẽdront de meilleures villes auec la Rochelle, & autres villes qu'ils ont, Ils feront descendre le Prince de Galles ou quelque Prince ou Seigneur François qui Couronnerõt pour leur Roy, pour vous chasser & vos successeurs de vostre Royaume; tellement que puisque auez si bien commencé, & que Dieu visiblement conduict vos desseins, si n'acheuez le reste, vous leurs laissez vn venin dans le cœur du regret qu'ils ont de leurs villes perduës, & vn moyen tres-facile de leur en venger: La Rochelle, Montauban, & plusieurs autres places leurs demeurent entre mains, car la Rochelle seule est capable de receuoir deux armées par Mer & par Terre, & de là ruyner & rauager tout vostre Royaume: N'auons-nous pas veu comme leur armée Nauale a pillé tous vos costes, & estoient maistres de vos Mers, iusques à ce que Monsieur de Guyse leur aye liuré bataille, & qui en effet les eust tous coulez à fonds, si les autres Capitaines eussent voulu aussi bien attaquer que luy, & Monsieur de S. Luc; car l'vn des Capitaines mesme m'a raconté que si chaque Nauire de vostre armée eust voulu aborder vn Rochelois, ils les eussent tous ruinez, mais les Normands Mallouins & autres, craignoient de perdre leurs Nauires, & puis n'en estre recompensez, à cause que les Commissaires & Tresoriers vous ont grãdement volé, qui est la cause que si refaictes vne armée Nauale, il faut que achetiés les Vaisseaux & les Canons, & que en donniez les Capitaineries à des hommes de qualité mediocre, qui n'ayent que l'honneur & vostre seruice en recommãdation, leur faisant prendre de bons Pilottes sous eux, auec la moitié des Matelots & de Soldats, vous verrez qu'ils feront des merueilles. Beaucoup vous diront que les Gentils-hommes ny Soldats François n'entendent rien à la Mer, & n'y sont propres, il eſt vray qu'ils ne ſont pas Pilottes, mais ils ſe battent bien mieux & au beſoin ſont bien plus courageux & reſolus: L'exemple en eſt toute reſſente, car ſans la ferme reſolution de Monſieur de Guyſe, & la Nobleſſe & Soldats qu'il auoit, ſes Pilottes ne vouloient virer ſur les Rochelois, & par ainſi voſtre armée Nauale euſt eſté perduë, à ceſte heure l'on vous obiectera que l'entretien d'vne armee Nauale eſt trop grand, & que n'y pourrez fournir, le remede eſt que lors que aurés trente bons vaiſſeaux à vous, il faut cottiſer chaque Haure, & chaque ville dix lieuës prés deſdits Haures, à les entretenir, d'autant que c'eſt leur richeſſe & ſeureté, tant contre les Turcs, Rochelois & autres corceres, ou bien faut mettre vn impoſt ſur les vins qui ſortent, tant de la riuiere du Roſne, de la Garonne, du Loir, que de la Cene: Ie m'aſſeure qu'il n'y a bon François qu'il n'en ſoit tres-content, car les Italiens, Flamans & Allemans en ſortent la plus grande partie, & par ce moyen vous ruinerez la Rochelle & aurez le traffic libre aux Mollucques & terres lointaines, comme les autres Princes qui en tirent tres-grand profit. Et pour vne armée par terre qui ne vous coustera rien, il faut que chaque Parroisse de vostre Royaume vous donne & entretienne vn soldat d'Infanterie, & qu'en chaque Euesché s'eslise vn Capitaine par vne assemblee des trois Estats dudit Euesché, qui aura le soin de faire payer les Soldats par lesdites parroisses, & les vous meneront sous des maistres de Camp qu'establirez par les Prouinces de vostre Royaume, & ne faudroit nullement, que ses voleurs Tresoriers ny Commissaires receurent les deniers des fermiers desdictes impositions pour l'armee Nauale, ni ceux des parroisses pour l'armee de Terre, car il vous vollent & vos Capitaines & soldats, il faut que les Fermiers & Parroissiens payent aux generaux d'armee ce que vostre Majesté leur ordonnera, & à chaque maistre de Camp, Capitaines & autres officiers de mesme, & que si vn seul d'eux manquent d'auoir le nombre d'hommes & victuailles soit par Mer ou par Terre ce qu'aurez commandé, qu'ils ayent la teste tranchee sans remission, autrement ils vous desroberont tousiours comme ils ont faicts : I'ay veu & ouy dire à vos Capitaines de Mer & de Terre, que vos Tresoriers & Commissaires traittent auec eux, en tirent le plus qu'ils peuuent pour auoir l'argent de leurs payes & de leurs soldats, & vous font à croire qu'auez des quinze & vingt mil hommes, & il n'y en a pas la moitié, car c'est chose que i'ay veuë en tous vos voyages, & encores au dernier, là où les Commïssaires des viures laissoient les Soldats trois iours sans leur bailler vn morceau de pain, & ce qui leurs en bailloient estoit si mauuais, que les soldats se mouroient faute de nourriture, le Preuost vous en pourra dire des nouuelles, car il a veu mourir par les chemins des Soldats faute d'estre nourris : vous sçauez ce qu'il vous en dit lors que luy commandastes de demeurer derriere l'armee, pour faire pēdre les soldats qui s'en iroiēt, mais au lieu des soldats, il falloit faire pendre lesdits Cōmissaires des viures, & deux ou trois Tresoriers, & trancher la teste à deux ou trois Capitaines de ceux qui s'accordent auec eux, d'auoir deux cens hommes

mes dans leurs compagnies,&n'en ont pas six-vingts; car vous ne manquez de soldats qu'à faute de les bien payer, & bailler de bon pain d'amonition: & ce sont vos Capitaines & Tresoriers qui ont vostre argent,& vous font receuoir des affronts immortels faute d'hommes, comme d'auoir quitté Montauban & la Rochelle, manque de soldats & d'argent pour les affamer. Si vous faisiez rendre compte à ces volleurs de Tresoriers & Commissaires, vous seriez LOVIS LE IVSTE, & trouueriez de l'argent assez pour l'entretien de vos armées, & recompenser tant de pauures soldats qui ont eu les bras & jambes cassez & rompus en vous seruant. Ce sont les Tresoriers qui causent tant de mescontens qui sont dans vostre Royaume, à cause qu'ils ne payent que la moitié des pensions des payes des gens de guerre, à ceux à qui les auez donnez, & retiennēt l'autre moitié pour eux: & apres qu'ils sont riches à vos despens, ils ne songent qu'à donner des cent mil pistolles à leurs filles en mariage, faire des bastimens superbes, couurir leur femmes de pierreries auoir tres-beaux meubles, vaisselles d'ar-gent, & estre plus braues, mieux couuerts que les Princes, auoir carosses & grands cheuaux, acquerir de grandes terres, & des estats de President, Maistres des Reque-stes à leurs enfans, pour encore mieux vo-ler vostre Majesté, & vostre pauure peuple: car si vous le souffrez vous aurez nō Louis le simple, & serez dépouillé du plus beau & du meilleur de vostre Royaume, si n'y prenez garde promptement. Pour ce qui est de vostre Royaume, si voulez regner, & que Dieu vous conserue, il faut auoir principalement soin à ce qu'il y soit loué & seruy pieusement & dignement par gēs deuots, & viuans sainctement comme bōs Prestres, bons Religieux, & Religieuses, & non par des Cardinaux, Euesques, Reli-gieux, & Religieuses, vicieux & dissolus d'actions & de paroles, comme la France en est remplie. Et qui est la cause de tant d'heresies qui se font tous les iours dans icelle, d'autant que leur mauuais exemple perd & destourne les bonnes ames. Il fau-droit qu'ils se souuinssent de la parole de nostre Seigneur à ces Apostres, vous estes la lumiere du monde: & quãd S. François le pria de luy faire sçauoir s'il le vouloit faire Prestre, il luy enuoya par vne bouteille pleine d'eau de fõtaine par vn Ange, qui luy dit, François, il faut estre net & clair comme ceste eau pour estre Prestre. Que ne prennent-ils exemple sur vn S. Charles Boromee, & autres qui ont vescu pieusement, & ont eu soin de faire bien viure les Prestres & Religieux de leur Diosese; Quelle honte est-ce de voir la vie des Prelats, Abbez, Abbesses, Prieurs, Cordeliers, Curez, Religieux, Religieuses de ce Royaume: vous endurez qu'ils ayent leurs propres belles sœurs pour concubines ordinaires. Vous leur voyez des meuttes de chiens, cheuaux, Gentilshommes, Escuyers, pages, laquais, & autres gens inutiles à leur vacation: comme des Seculiers addonnez à tous vices: ils ne hantent que le bordel, le berlan, le petit More, & autre cabarets. Les Abbesses & Religieuses iettent le froc aux orties dix ans apres leur profession: ce sont des sumptuositez les nompareilles, il ne leur faut que des parfums, des licts & tapisseries de mil pistolles, vne Musique de chansons mondaines, auec des carrosses magnifiques pour mener les Dames à des collations dans les iardins, ou dans leurs maisons. Ils ne vont dans leurs Eueschez que pour amasser iniustement de l'argent, & les Curez en leurs Parroisses qu'vne fois en dix ans. Si vous voyez & sçauiez, sans cōparaison, cōme moy, la façon qu'ils viuent aux champs, vous en auriez horreur; & ne vous estonneriez s'il y a tant de Huguenots en vostre Royaume: car ie sçay vingt Parroisses de Catholiques, où il n'y a pas deux cents hommes qui sçachent leur Credo. Il n'y a gueres d'Euesques qui facent la visite. Leur Archidiacre pour auoir de l'argent à despendre en vanitez, festins, luxures, ieux, & somptuositez, ferment les yeux à toutes les fautes des Prestres. Les Curez sont des Chanoines qui ne bougent des villes à viure oisiuement, & n'ont que des ignorans Vicaires, qui ne font que prendre sur le peuple, & ne l'instruisent en façon du monde, ny chantent ny Messe ny Matines pue par maniere d'acquit. Et les Cordeliers, qui vont prescher tous ceux dans les parroisses, font tant de desordres dans les parroisses, qu'on est contraint de les chasser de la chaire. Quelle pitié est-ce? Quelle honte est-ce de voir rompre des mariages sans suject long temps apres auoir esté consommez, & demeurez ensemble? Le de Brissac & le Comte de Candales estoient-ils impuissants, punais ou ladres pour les pouuoir demarier comme ils ont esté? N'a-ce pas esté vne grande honte de voir enleuer des femmes mariees d'auec leur maris, & les tenir dans des Chasteaux deux ou trois ans pour en iouyr à son plaisir, comme a fait le Marquis de Rony. Pour remedier au deffaut des Ecclesiastiques, il faudroit les reformer tout à faict: les Religieux ou Religieuses, & que vostre Majesté contraignist chaque Euesque de demeurer en son Euesché, faire les visites souuent; & que chaque Euesque n'auroit que son Euesché, chaque Abbé que son Abbaye, ny chacun Prieur ou Curé, que chacun sa Prieure ou Cure, & y demeurassent d'ordinaire pour faire le seruice deuotieusement, & instruire le pauure peuple à pieté, & des poincts de la foy Catholique: & les

Chanoines se contentassent de leurs Prebendes. Ils me respondront, qu'vn benefice seul n'est pas capable de les nourrir & entretenir selon leur qualité, attendu les grãdes despenses que l'on fait auiourdhuy en France. Puis il faut que vostre Majesté commence par elle mesme à reformer tãt de choses inutiles en vostre maison; comme tant de veneurs & de chiens pour le Cerf, pour le Cheureul pour le Loup, pour le Liepure, pour le sanglier, tant de violõs, tant de Musiciens : à quoy sert tout cela, puisque vostre inclination n'y est pas portee? que voulez vous faire d'vne grande Escurie auec tant d'Escuyers, de Pages de cheuaux que l'õ ne vid iamais : que si vous aimez encore la tirerie & vollerie, il faut auoir des oiseaux & des arquebuses : que vous seruent tant de valets de pied, tant d'officiers de cuisine, de pannetrie, d'eschansonnerie, de goblets, tant d'autre sorte de domestiques, à qui est bon tout cela? quelque esprit remply de vanité vous viẽdra dire que c'est la grãdeur d'vn Roy d'auoir vne grande maison. Voyez si pas vn de tous les Monarques, Empereurs, Roys,

Princes attachent leur grandeur à cela, au contraire, s'en moquent : car la grandeur & la force d'vn Roy se void à auoir force Soldats dans les garnisons & à la campagne bien payez, force canons pour se faire craindre à ses ennemis & voisins : trente Nauires de guerre de quatre cents tonneaux le moindre, auec vos Galleres. Voyez l'armee Naualle du Roy d'Angleterre, du Roy d'Espagne, & des Estats, qui porte pres de mil canons de fonte verte dans ses Nauires, & toutes ses Garnisons és fortes places bien munies de canons de batterie, & de Soldats bien payez & bien couuerts. Enquerez-vous de l'Arsenac de Venise, il y a trois mil trois cens canons, & trois cens cinquante Galleres & Galliaces, dequoy armer soixante mil hōmes de pied & dix mille cheuaux, auec tant d'or & d'argent dans leurs tresors, qu'vn chacun les redoute : & s'ils auoient la moitié d'autāt d'hommes que vous en auez, ils se rendroient maistres de la Chrestienté ; car ils ne sont vestus que simplement, ils n'ont nulle vanité ny folle despence dans l'esprit comme les François. Il vaudroit mieux employer vostre Noblesse & vostre argẽt aux actions genereuses, que non pas à nourrir tant de chiens, d'oiseaux, grands cheuaux & autres qui ne vous seruent de rien; ie m'asseure que Monsieur le Prince qui est grand veneur, & tous vos Lieutenans, & autres Gentils hommes qui sont de vos veneries, & vos domestiques mesmes, aymeroient beaucoup mieux estre employez à la conduite des gens de guerre, & aux charges honorables, que d'estre tous les iours à courir parmy les bois, ny acquerir point d'honneur: quand vous & eux auriez pris tout ce qu'il y a de bestes & d'oiseaux au monde, il n'en seroit pas parlé à trois lieuës de vous, là où des batailles qu'auriez gagnees, & des villes emportees, les reduisant en vostre obeyssance, il en seroit memoire, & parlé tant que le monde sera monde. Pour vous deliurer encores d'vn autre argẽt qu'employez inutilemẽt, & qui vous nuit plus qu'il ne vous sert; c'est celuy que vo⁹ baillez pour les Forts, Citadelles & Garnisõs du dedãs vostre Royaume, & des places maritimes là où il n'y a point de Haure, il faudroit razer tout cela,

& ne

& ne laisser que les places frontieres bien fortifiees, & bien garnies de bons canons, & bons hommes bien payez; comme sont les Garnisons de Cãbray, d'Arras, Millan, & autres bonnes places qui sont au Roy d'Espagne. Vous voyez que s'il n'y eust point eu de places fortes au dedans de vostre Royaume, les Huguenots ne vous eussent tant donné de peine, ny n'y eust eu ny n'y aura iamais de ligue, ny de guerres ciuiles; car les mécontens, soit Princes ou autres, ne se sçauroient rallier si loin; & principalement quand vous auriez forces belles trouppes entretenuës, auec force beaux Nauires, & force canons dans les Prouinces, les estrangers ne songeroient pas seulement à entreprendre sur vous. Et sur tout, ne baillez iamais vos places fortes à de grands Princes, & de grands Seigneurs, bien la conduite de vos armees de Mer & de Terre, pourueu que soyez bien asseuré que les Mareschaux de Camp, Maistres de Camp, Vice-Amiral, Capitaines & autres Officiers, ne vous quitteront pas pour les seruir, si d'auenture, comme il arriue souuent, lesdits Princes ou Generaux d'Armée deuiennent mécontens. Pour ce qui est des Parlemens & Bailliages Royaux, & autres Iustices de la France, c'est là où est le grand mal de vostre Royaume, la perte totale de vostre Estat ; car de iustice il n'y en a point du tout, ce ne sont que volleries & pilleries, qu'il est impossible d'en mettre la centiesme partie par escrit : seulement ie vous diray & feray veoir qu'ils sont les Roys de la France, & non pas vous : car ils ont pris des authoritez, & font des superbitez à quoy ne voudrois penser. Il ne faut point esperer de iustice d'eux, que ceux qui leur bailleront le plus de pistolles pour piaffer eux & leurs femmes. Si vous estes leur voisin, asseurément vous estes ruiné, si ne leur baillez vos terres à tel prix qu'ils les voudront auoir, ou si ne leur laissez prendre toutes les preéminēces de la Parroisse, ou si les empeschez d'estendre leurs terres & fiefs tant qu'ils voudront ; ou si mettez vn de leurs valets ou fermiers en procez vous estes perdu, il n'y aura sorte de trahison ny de meschanceté qu'ils ne vous inuentent. Demandez à Marsille s'il ne luy a pas cousté dix mil escus pour auoir donné vn soufflet au President Cheuallier : & i'ay veu pendre vn Soldat pour auoir dit à vn president en sortant du palais, Vous m'a-uiez promis de me faire gaigner mon pro-cez, mais ie l'ay perdu : ledit president ren-tra au palais; il fit accroire que le Soldat l'auoit voulu tuer, & le fit condamner à mort, & le fit pendre tout à l'heure: de-quoy le feu Roy vostre pere en fut en si grand cholere, qu'il fallust que tout le par-lement en corps allast luy en demander pardon dans les tuilleries. Y a-il rien au monde plus glorieux & si insupportable cõme ceux du parlemẽt d'Aix? I'ay veu des Seigneurs de trẽte & quarante mille liures de rente en aller voir, qui ne faisoient non plus d'estat d'eux que de crocheteurs, & neantmoins il falloit encores leur bailler des mille pistolles pour auoir iustice. A Bordeaux c'est encore pis : car i'ay veu des marchands & habitans ne pouuoir ia-mais faire rapporter ne iuger vn procez qu'ils y auoient auec vn Conseiller, & les contraignit d'en accorder à sa volonté. I'ay ouy dire à vn Gentilhomme Breton, qui est de vos cheuaux legers, qui estoit priſonnier à la Conciergerie, qu'il auoit eſté condamné à Renes d'auoir la teſte tranchee, pour auoir abbatu le chappeau d'vn Conſeiller : & que ce meſme Conſeiller a fait donner par ſes laquais à vn autre Gentilhomme cent coups de baſton ſans ſuject : duquel Gentilhomme leſdits du parlement n'ont pas ſeulement voulu receuoir la plainte. Il me conta auſſi d'vn autre Conſeiller au meſme parlement, lequel à cauſe de ſa belle-mere qui eſt de Renes, auoit eſté executé pour certains deniers de voſtre Majeſté qui auoient eſté eſgallez ſur la ville, il enuoya querir l'Eſcheuin qui l'auoit fait executer, & luy fit donner deux cents coups de baſton à ſon logis, & la Cour de parlement ne fit que s'en mocquer, quand l'Eſcheuin & le corps de la Ville leur preſenta ſa requeſte & plainte, diſant & voulant eſtre reſpectce & redoutee plus que voſtre Majeſté meſme. Et veulent en tous les parlements, que toutes les affaires des prouinces, tant pour la guerre, que pour autre choſe, ſe gouuernent directement par leur volontez. Auſſi voyez-vous qu'en toutes les grandes villes

& petites, ce sont les Iusticiers qui sont les Capitaines, donnent le mot, font les gardes & les rondes, les font faire par leur Clerc, qui n'y entendent non plus qu'eux, ont les clefs, sont Maires des villes : & si c'est en pays d'Estats, c'est tousiours l'vn d'eux qui est Deputé de chaque ville, d'autant que pas vn des habitans ne les oseroit contredire. Le Marquis d'Asserac qui est de grande maison, disoit à vn mien amy il y a quelque temps, que pour auoir dit à vn Conseiller, que s'il estoit son Rapporteur, malgré luy il le croiroit estre son ennemy. Le Parlement de Bretaigne decreta contre luy, & l'enuoya prendre dans son lict où il estoit malade, & commanderent aux Huissiers de le trainer par les ruës en le menant dans les cachots, & ne luy permettre d'y aller en carosse: & luy eussent fait trancher la teste, s'il n'eust esté proche allié de Monsieur le Chancelier, qui luy enuoya vne euocquation en toute diligẽce. Leurs femmes par tous les Parlements passent deuant quelque Dame que ce soit, & eux en toutes assemblees, soit de festins, accords, bals, & autres lieux, prennent tous jours la place d'honneur. Et que vostre Majesté ne s'estonne pas s'il y a tant de mescontants, tant des Ecclesiastiques, Gentilshommes que Soldats & habitans: car ils ont si grand desir de se venger de leurs iniquitez, & des volleries des Tresoriers, ils seruiroient plustost le Turc, qu'ils ne s'en vengeassent tost ou tard. Ils font les bons valets aupres de vostre Majesté, & disent qu'ils sont le maintien de vostre Couronne; mais neantmoins si n'eussiez eu la victoire des ponts de Sé, ils se reuoltoient tous à cause de la Paullette, & y poussoient le plus de Gentils-hommes qu'ils pouuoient. N'a-ce pas esté eux qui ont fait & maintenu ceste grãde Ligue qui dura si long temps contre le feu Roy vostre Pere? Comment est-il possible que de leurs gages & espices ils peussent s'entretenir eux & leurs femmes si somptueusement? Car i'ay veu vne Presidente porter des rabats de cent pistolles, & des chemises toutes bandees de poinct-couppé, depuis le haut iusques en bas, plus plein que vuide, & de la plus belle d'entelle de Flandres tout à l'entour; les cotillons tous couuerts de clinquant, robbes de velours couuerts de boutons de pierreries, filets de perles de cent francs la piece, pendans d'oreilles & bagues à l'equipolents, auec le Carosse de velours cramoisi, & des cheuaux gris comme si c'estoit vne Princesse de cent mille escus de rente, ils batissent aux champs & à la ville, acheptent de belles terres, auancent leurs enfans, & ont de grandes richesses en meubles, vous voyez de petits Aduocasseaux, qui depuis dix ans sont deuenus des Milloars, parce qu'ils ont vn escu par heure de consultatiõ & cinquante escus, voire cent pistolles, pour plaider vne cause, ou faire vn escrit de trois fueillets de papier, au lieu qu'ils ne deburoient auoir que cinq sols par heure de consultation, & vn escu pour plaidoyé, encores seroient-ils trop riches. *Pour* remedier à cela, il faudroit que vostre Majesté les fist contenter de leurs gages sans prendre espices ny presens à peine de la vie, les soulageant aussi de tant de despence qu'ils font eux & leurs femmes, par vne deffence faite expres à peine de la vie, de ne porter iamais soyes pierreries, ne clinquant, ne auoir carosses, tapisseries de Flādres, ne vaisselles d'argent ny d'or telle, car il sort tous les ans plus d'vn million de vostre Royaume qui est en dentelles de poinct-couppé & cheuaux de carosse qui apportent vne grande ruyne, & de grande despence, & mieux seroit & plus commode pour des vieilles personnes, d'auoir des chaises portantes à la mode d'Italie, cela ne cousteroit presque rien, & neantmoins il y seroit employé forces personnes qui se mettent à voler faute de trouuer moyen de gagner leur vie. Encores pour mieux faire il faudroit casser tous les Parlements, toutes Iurisdictions, bares Royales qu'autres, & à chaque Euesché eslire par vne assemblee de trois ans en trois ans des trois Estats dudit Euesché six arbitres, deux de l'Eglise, deux de la Noblesse, & deux du tiers Estat, dans lesquels six arbitres tous les differends tant ciuils que criminels, se rapporteroient par des Aduocats, tant de parole ou d'escrit en presence de leurs parties, puis les arbitres les feroient retirer & iugeroient difinitiuement sur le champ, & qu'il n'y eust plus

long

long terme que trois ſepmaines pour appeller depuis la premiere aſſignation iuſques au Iugement. Pendant leſquelles
trois ſepmaines le demandeur feroit appeller ſa partie par exploict donné en pre-
ſence de tous les parroiſſiens par trois Dimanches, & ſi le defendeur eſt abſent du
pays, les arbitres luy dõneront autres trois
ſepmaines, & ſi c'eſt vn Gentil-homme ou
Soldat qui ſeroit veritablement dans vos
armées, il faudra luy donner ſix mois de
terme, & faudroit que les arbitres n'euſſent que les gages qu'il plairoit à voſtre
Majeſté leur dõner, encore ie croy que les
Prouinces ſeroient fort ayſes de ſe cottiſer & les payer pluſtoſt que demeurer
ſoubs la tyrannie des Iuges d'apreſent, &
ainſi faiſant vous maintiendrez le traffic
des Marchands & des Payſants qui ſe perdent tout auiourd'huy en procez, & quand
vous auriez affaire d'eux ils auroient de
l'argent pour aller aux armées, ou auiour-
d'huy ils n'ont ſeulement de quoy viure,
tant ils ſont ruynez de chiquanneries &
longueurs de procez, & tous les Marchãds
mettent tous leurs enfans au Palais pour

les faire riches, & quitter le traffic qui est vne grande perte à vostre Royaume. Quand vn Prince ou Seigneur prie les Gentils-hommes de l'accompagner dans l'vne de vos armées, son excuse est qu'il a vn procez sur le bureau, & qu'il n'a pas mille pistolles pour ce faire faire des habits couuerts de clinquants, broderies & passements. Ie ne parle du Parlement de Roüen car i'en suis du pays: il y auroit tant de meschācetez à escrire, que cela seroit trop long. Pour ce qui est des Princes & Gentil-hommes (Croyez la parole de Dieu qui dit, ne vous fiez point aux Princes) car ils voudroiēt bien estre tous Rois, Ducs ou Comtes de vos Prouinces: Il faut qu'ils viuēt sagement, & s'ils se battēt en dueil ou commettent quelques actions violentes enuers qui que ce soit, ils ayent la teste tranchée & leurs biēs confisquées, & si c'est pour dueil, leurs enfans declarez roturiers, car autrement si ne les tenez en subiection par de bons Preuosts, ils succederoient à l'orgueil imprudence des Tresoriers. Sur tout, ne baillez iamais de places fortes à des Princes ny à des grands

Seigneurs, ny de troupes qui ſoient à eux, ny ne donnez iamais rien à vn Gentilhomme par l'interceſſion du Prince, car c'eſt au Prince à qui il en a l'obligation, mais ſoyez curieux de ſçauoir ceux qui vous peuuent ſeruir, & qui vous ont ſeruy en chaque Prouince, & les employez & cheriſſez, car s'ils ont l'eſprit ambitieux & de courage, ils ſeruiront les meſcontens pluſtoſt que de n'eſtre employez: & quand vous auez des volõtaires dans vos armees, que l'on leur donne des Capitaines à chaque trauail, & qu'ils entrent en Garde, & donneront aux occaſions au rend que les Mareſchaux de Camp leur donneront, s'il y en euſt eu touſiours à Montauban, & à Montpellier, vos Regimens n'euſſent pas eſté maſſacrez comme ils ont eſté: Et pour le payement de vos trouppes, voyez vous meſmes faire les Monſtres, & faire trencher la teſte aux Capitaines qui auront mis des paſſeuolants, & aux armees où ne ſerez pas ayez-y des Eſpions, pour vous rapporter ſi le nombre d'hommes que vous y payez y eſt tout entier, & pluſtoſt i'y enuoyerois des bons Capucins ou autres bõs

Religieux qui mesprisent l'argent, afin de n'y estre trompé, & ce qu'auriez d'hommes fussent bien payez, car vn General d'Armee, & Mareschal de camp ne vous dira n'y n'amendera la verité, d'autant qu'ils ne veulent desobliger Maistres de Camp, Capitaines ny Tresoriers, d'autant qu'ils craignent en auoir affaire vn iour, en cas qu'ils vinssent estre mescontens, & veulent tousiours faire le plus d'amis qu'ils pourront, pour en estre seruis en cas de mouuemens, ou guerres Ciuiles : & sur toutes choses deffendez encor plustost durant la guerre, que durant la paix, les clinquants, broderies, & tous passements dentelez & poinct couppé, & deffendre tous carosses, pierreries, vaissellés d'argent, Pages & Gentils-hommes suyuãs, si ce n'est aux Princes ou Officiers de la Couronne, ausquels il n'en faut que deux ou trois, car vostre Noblesse & vos soldats employent tout leur argẽt à estre braues, & auoir grand equipage, & dans peu de temps ils meurent de faim, & sont cõtraincts de quitter vos armes, la où quand les empescheriez par vos Edicts de toutes ses vanitez & folles despences, ils auront tousiours de l'argent, & feront des annees toutes entieres dans les armees de vostre Majesté, & ne serez point que n'aiez force Soldats, & cinq cens volontaires aupres de vous, où ie vous ay veu plus de vingt fois que n'en auiez pas trente. Pour ce qui est des marchands, habitans, & gens du tiers Estat, il faut qu'ils ne se meslent que de leur trafic, & non de la plume ny de l'espee, si ce n'est pour garder leur ville, ny qu'eux ny leurs femmes ne portent ny soyes, ny pierreries, ny dentelles, non plus que ceux de la Iustice, & les paysans de bonne toile toute simple: ainsi faisant dans peu de temps ils seront tous riches, & vous pourront seruir toute leur vie chacun en sa vacation, sans s'incommoder nullemēt: & vn poinct qui est aussi notable, que pas vn, c'est que les Iuges n'entrent nullement dans les maisons de ville, ny ne soyent Capitaines des villes, ny ne se meslent que de leur mestier; car autrement dans peu de temps ils vous feront voir qu'ils possedent la France à leurs volontez. Et afin que les Ecclesiastiques, Gentils-hommes & Thresoriers n'ayent aucuns sujets de voler & de prendre vos deniers, ostez la venalité des Offices & des charges, car ils disent tout haut qu'ils ne peuuent acheter des Charges ny Offices si cheres, s'entretenir eux leurs femmes & leurs enfans si somptueusement, sans prendre de vos deniers, & de vostre pauure peuple. Croyez, SIRE, que si vous faictes la presente reuocation, vous ne perdrez iamais ce nom de de LOVIS LE IVSTE, & serez le plus puissant qui se puisse voir: car DIEU sera bien seruy, la Iustice sera bonne, vostre infanterie sera pleine de Gentils-hommes, vos marchands feront grand trafic, & vos paysans seront riches, pour nourrir vos armees quand elles passeront, & vn chacun de toutes les vacatiõs susdites, on priera DIEU de meilleur coeur pour vostre prosperité en ce monde : mais sur tout il faut que vostre MAJESTÉ, & vos Princes & Princesses, soyez les premiers à monstrer l'exemple de ceste reformation, & non pas de la rompre, comme fistes l'Edict de porter du clinquãt l'annee passee.

FIN.

es
it
-
ix
-
le
ie
is
E
f-
e
le
it
i,
f-
is
ir
is
is
à
l,
-
e.

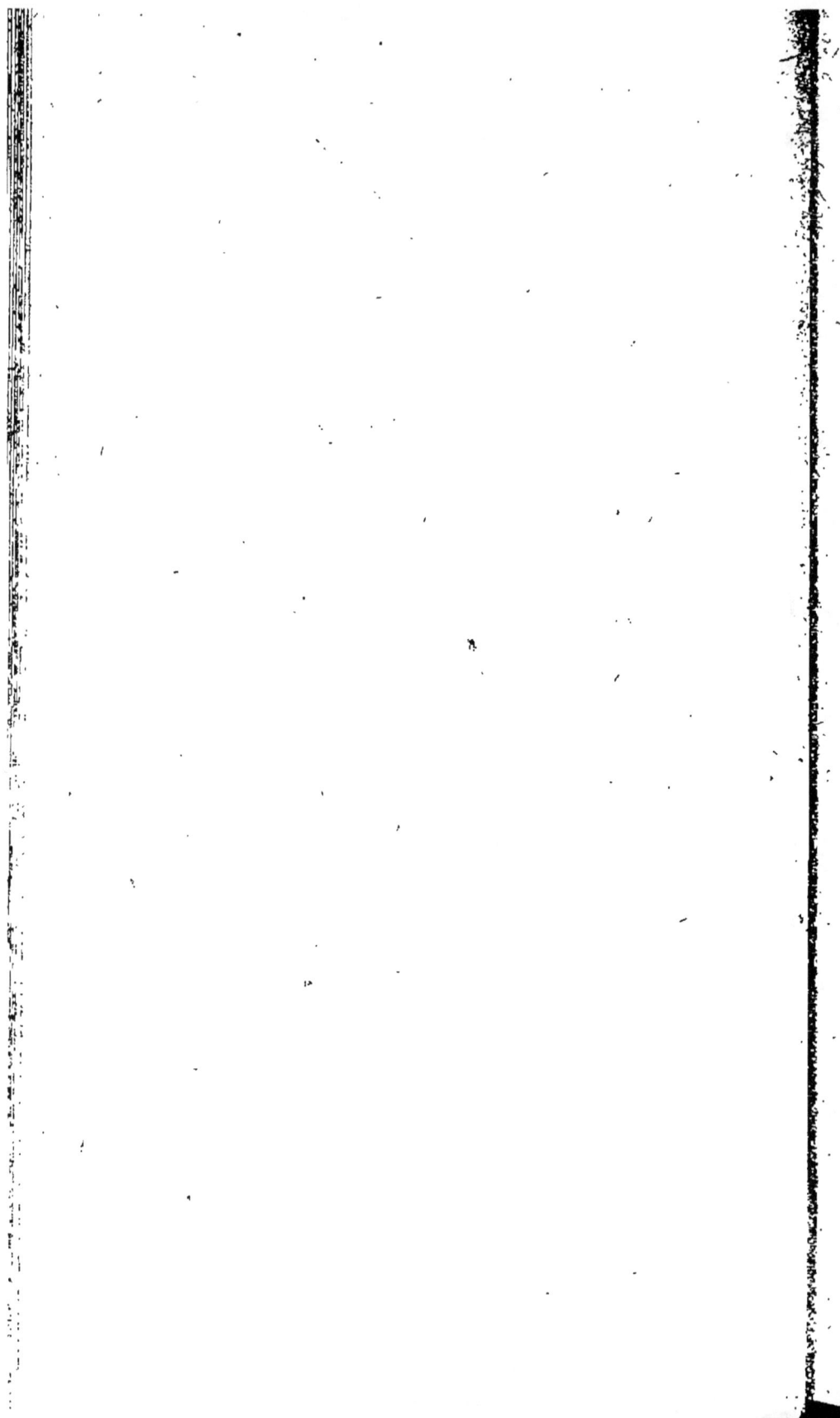

17

(2)

# LE VOYAGE DE FONTAINEBLEAV,

Faict par Monsieur Bautru & Desmarets.

*PAR DIALOGVE.*

contre le Chancelier de Sillery (Maistre Nicolas.)

M. DC. XXIII.

LE

# VOYAGE

## DE FONTAINE-BLEAV,

faict par Monsieur Bautru & Desmarets.

DIALOGVE.

MONSIEVR BAVTRV, ET MONSIEVR DESMARETS.

BAVTRV. IE cherchois compagnie pour aller à Fontaine-bleau & me faschoit grandement de n'en pouuoir trouuer à ma fantasie.

DESMARETS. Ie suis bien aise

d'estre à ton goust, allons donc, mais ne pense pas faire du Secretaire d'Estat, car le Mareschal d'Ancre est mort.

B. C'est tout vn i'ay encore de bons amis en Cour.

D. Tu es bien sot si tu croy que les amis de ta femme fassent pour toy, car tu las trop mal traictée.

B. Ie te quitteray si tu parle de cela, car ie ne veux ouyr parler que de rire.

D. Il y a bien pour rire ou nous allons, ie ny cognois plus personne que le Pere, le Fils, & le sainct Esprit.

B. Si tu prend la femme pour le S. Esprit tu vaut trop: car on dit qu'elle n'a pas moins d'esprit au fesse qu'a la teste.

D. Confesse moy que ce Pere est biẽ-heureux il n'a iamais fait que trois souhaits, l'vn pour r'atraper ses sceaux, le second que son fils deuienne sage, le troisiesme, que sa bru ait des enfans

B. Ie voudrois bien estre à ses bonnes graces, car ie serois payé de ma pensiõ, d'ailleurs, il gouuerne & à beau gouuerner car il n'y a plus personne qui luy contredise, car les sages sont morts.

D. Il y reste le Conestable & Mõsieur de la Roche-Foucault.

B. Ouy mais il les faict passer par le trou de l'esguille.

D. Ce Nicolas est vn merueilleux homme, il semble les chats qui tombent tousiours sur leurs pieds.

B. Nos affaires n'en irons p
mieux, car au voyages que le F
& le frere firent en Espagne.

D. Il fit pour lors le Mariag
à present il ne veux pas qu
aille à la Valtoline il ne trou
pas mauuais le voyage du Pri
ce de Galles, il dit que le fort
Graueline n'est rien : mais si
voudroit-il pas que le Roya
me de France le perdist.

B. Il a tousiours poussé le tem
auec le repos & ne c'est iam
soucié de rien.

D. Dy-moy comment a il p
r'attraper les Sceaux.

B. N'as tu pas sceu qu'il au
des medecines qui luy rapp
toiët l'estat de santé de ce ro
seau, & comme ayant eu ad

certain qu'il n'enpouuoit plus il alla trouuer le Roy, &lui dit que s'il ne chãgeoit le maniemẽt de ſes Finances tout eſtoit perdu parce que l'on eſtoit au commẽcement de l'annee il ſçauoit biẽ que le Comte d'Eſcomberg n'eſtoit pas pour lui, à que ſi les ſceaux euſſent vacqué lui eſtant en charge il eut prié le Roy d'en diſpoſer autremẽt il fait dire au Conte qui ſe retiraſſe pour eſtre ſeul dans les affaires. Le Roy qui ne ſe doutoit pas de cette ruſe en laquelle eſtoit le Garde de ſceaux condeſſandoit aux volõtez de Nicolas le Platrier, & fiſt des ce iour le cõmandemẽt audict Conte de ſe retirer le lendemain, le garde des ſceaux mou-

fut il ne se trouue persōne pr
du Roy qui en fist parler, Mai
stre Nicolas les demāde, le Ro
les lui accorde, voila commen
cela cest passé.

D. Tellement que pour auoi
les sceaux il a fait chassé le Con
te deschomberg, si cela est ainsi
cest vn habille homme.

B. Oui ie vous asseure il est bien
habille & sçait biē le moiē qu'il
faut tenir pour chasser ceux qui
le fachent tesmoin Monsieur de
Villeroi, Monsieur de Sulli &
autres.

D. On dit que cest Allemand
auoit esté cause par deux fois
qu'on ne les y auoit pas dōnez,
aiant veu dequoi.

B. Il a des espions par tout, car
lors

lors qu'il fist son gendre Procureur general il y eut vn Medecin que ie vis à minuict à sa porte, & le lẽdemin il fit ouurir les portes du Louure des quatre heures, & pense-tu qu'il eut chassé Castille s'il n'eust esté bien asseuré que le bon-homme de President Ianin n'en pouuoit pas rechapper.

D. Pour Castilles ie croirois que luy & tous les autres intendãs en auoit souffert à cause dit auquel il veut mal de mort, & afin qu'on ne creust pas qu'il se vouloit vanger de lui y les auoit tous faits esgaux.

B. C'est vn admirable Platrier iamais ceux du Faubourg de Monmartre n'en firent autant, & à céla de bon qu'il ne pardonne iamais, teſmoing la Roine Mere.

D. Et cõme quoi a il ainſi traicté le Mareſchal de Vitri ſes freres, & beau freres, la Dutillet & autres.

B. Le Mareſchal de Vitri ne luy à iamais rien fait, mais à ſa Bru ie ne dit pas, ceſt vn homme bien dangereux plus qu'on ne penſe, il ne faict rien qu'a deſſein & par fineſſe.

D. C'eſt vn grand cas que perſonne n'en dit de bien, & que tout le monde croit que la Frãce n'eut iamais vn homme ſi contraire que lui, diſpoſe de Finances comme il veut, & fait du Cõſeil comme des chouz de ſon jardin des panſions aux vns & aux autres, bref il ne crains rien.

B. Et qui laiſſeroit attaquer, ne fiſt il pas deffendre au Parlement par la Roine Mere.

D. vne choſe me deplaiſt que j'auois accouſtumé d'accompagner le Roi & la Roine quand il alloit au conſeil, auquel les Officiers de la Courõne & force nobleſſe aſſiſtoit à preſent ce Maiſtre Nicolas les en a chaſſez, & n'y va plus que quelques robes longues telles qu'il choiſiſt & chaſſe les autres.

B. Ce que tu dis eſt vray qu'il a mis hors du Conſeil le pauure Monſieur l'Honneau Dãger, mõ parent, dont ie ſuis bien faſché.

D. On dit que depuis peu il a

fait vn reiglement.

B. Oui il a mis au pieds ce qui estoit à sa teste, il a chassé les anciens, & la plus part des gens de bien le President de Blanmeny ny va plus.

D. Quel homme est le Marquis de la vieu-ville qui a faict donner ceste charge.

B. C'est vne ruze de Maistre Nicolas, d'autant qu'il est gedre d'vn tresorier de l'espargne, & pour dire que dans l'espargne il ny à point de corruption n'a il pas faict donner aussi a vn autre tresorier de l'espargne vne charge de Secretaire d'estat.

D. Tellement qu'il a son fils Secretaire d'estat qui signera les dons & mandemēts & acquits, partant lui qui a les ſceaux les ſcellera.

B. Ceſte reformation de conſeil ne me ſemble pas bonne & quoi le Marquis de la Vieu-ville ordonnera, & Beaumarchais ſon beau-pere acquittera & payera, Derbault fera des ordonnance comme Secretaire d'eſtat.

D. On dit que Marquis n'eſt pas du Conſeil, d'autant que le Comte de Schomberg en ſon tẽps y a voulu regner par deſſus Maiſtre Nicolas.

B. Toute la nobleſſe y eſt intereſſé, car c'eſt la ſeule charge du Conſeil que la nobleſſe peut eſperer & ſera il dit qui ne la procedera pas toute entiere.

D. Tellement que les Finances

ſont auſſi mal gouuernee que
Iuſtice, & le reſte de l'eſtat, il
vrai qu'il y a vn controolleur g
neral qui ne l'endurera pas.

B. C'eſt le plus pauure Preſt
qui fut iamais Maiſtre Nicolas
mis la, & le loge à ſa porte tou
expres, auſſi bien que la Piſſieu
Preaux, & Boulio ſont touſiou
enfermez enſemble.

D. Ce n'eſt dõc pas le Conſe
du Roy, c'eſt celuy de Maiſt
Nicolas.

B. Il n'y a remede il faut paſſe
par là ou par la porte, il eſt vra
que ſi i'eſtois de ſon conſeil
ferois loger Preaux ailleurs.

D. Et quoi il ne loge que pa
derriere.

B. Ouy mais bien ſouuent-on

en autre deuant par derriere.

D. Tout va bien car M. Nicolas s'en contente.

B. Le conseil depuis peu à faite vne affaire contre Fedeau, qui vaudra au Roy cinq cens mille francs par an.

D. Oui, mais ce Fedeau est vn sot, car s'il eut fait pour les aides comme il fist pour les gabelles, cela ne seroit pas arriué, & fut quitté pour dix milles pistolles.

B. Ie sçay bien ce que tu viens de dire mais dy moi est-il vray que le Comte du Lude a faite a Iacque vne bonne distribution.

D. Estant Conseiller tu estois subiet à ses distributions.

B. Ouy mais à present ie fais profession des armes & si tu me fasche ie te donnerai sur les a reilles.

D. Tout beau ne nous faison point de mal car on nous en fe assez.

B. On dit que Monsieur le Co nestable Meurdennuy de retou ner en son païs.

D. On l'appelle le pere soufran & Monsieur de Guise le Pacifi que.

B. Pourquoy est-ce que Mo sieur de Guise n'entre pas dans l Conseil.

D. Parce que les affaire ce fon mieux à petit bruit.

B. On dit qu'il y a vn tout ma sif qui en sçait bien des nouuel les & qu'il tient ce qu'il prome ce que ne faisoit pas le com

man

mandeur.

D. Et à propos que dit-on du commandeur, on dit qu'il est grand Seigneur, & si les Euesques de France ont escrit au Pape pour le faire Cardinal.

B. On dict qu'il a mandé choses, & autres contre Monsieur le Prince.

D. Cela n'est pas bon que le premier Monarque du monde se laisse gouuerner par l'vn de ses Secretaires.

B. Pour moi i'en suis bien aise, car ie sçay bien que quand toute se deburoit perdre nous ne bougerons d'auec eux ou des enuirons.

D. on dict que les Parlements lui en veulent, & que à cause de ce il chasse du Conseil tous les Presidents.

B. Si cela est, ie n'en suis pas mari, car i'auois vn proces à la tournelle, où il m'ont bien faict de la peine, & n'ont faict non plus de compte de moi comme si ie n'eusse esté au Roy, & à la Roine sa Mere.

D. I'en auois aussi vn, pour quelque petit droict que le Roy m'auoit donné à prendre aux Halles le Preuost de Paris, & celuy des marchands y auoit, mais le Parlement m'a ruiné, non à faire, si bien que quand ie le voi au Louure il me semble que ie voi le Diable.

B. A ton aduis que fera il des sceaux s'il peut il les baillera à

Boüillon *mediantibus*.

D. Ie apris qu'il se veut donner au President Cheualier.

D. Il en tirera bien de l'argent, car pour remettre les sceaux de Nauarre, il c'est faict donner au Roy deux cens mille francs qu'il touchez des edicts qui furent faicte pour Montpelier.

D. S'il à eu deux cẽs milles frãcs de ceux de Nauarre faut bien qu'il en ayent le triple deFrance.

B. Il y a long temps que la Frãce ne fut miserable, il ny a plus vn homme de Conseil ne de commandement vn chacun se pelice, tout va de mal en pis, en fin il y aura du mal.

D. Pleust il à Dieu que le Roi se voulut seruir de mon espee, il

n'i a officiers de la Couronn
qu'il en fist autant.

B. Pleust il que le Roi me fist son Chancelier i'en sçay assez pou faire mes affaires comme celuy qui est.

D. Tu serois vn braue Chancelier, & tu est fort a marote.

B. Et toy tu trancherois des lardons si tu estois Conestable.

D. Ie te prie soyons bons amis, & supportons les vns aux autres.

B. Ie suis en peine de sçauoir si tu es parent de ce braue Desmaiers Cheualier de l'ordre.

D. Et toy est tu parent de ce braue Cheualier Valiselas.

B. Ie voudrois bien estre Ambassadeurs comme eux, & me semble que celui du païs bas, de

Venize, & autres, non pas plus d'eſprit que moi.

D. Mon ami tout va par compere, & commere, chacun fait pour les ſiens, & Dieu pour tous

B. En fin ie croirois que tout ce perdra le pauure Deſmarets, & Bautru auſsi, a Dieu nous nous verrons tous les iours vien moi aduertir de ce qu'il ſe paſſera, i'en ferai le ſemblable, a Dieu encore vn coup.

FIN.

(3)

# LISTE DES MALCONTENS DE LA COVR.

Auec le sujet de leurs plaintes.

M. DC. XXIII.

# LA LISTE DES MAL-CONTENS de la Cour.

SI ie voulois m'estendre en ce lieu, & produire vn long discours de tous les mal-contens de ce temps, ce seroit vouloir embrasser l'infiny & racourcir en peu de mots, ce qui ne se peut expliquer qu'auec des liures entiers,

Il n'y a chose en la nature qui ne soit mal contente de quel costé que nous tournerons les yeux, nous ne rencontrerons qu'vn mescontentement general par tout l'vniuers.

Le Ciel se mescontente de la terre & semble se plaindre, que pour tant de douces influences qu'il enuoye par l'aspect agreable de ses rayons, elle ne fait autre chose que vomir ce qu'elle a de venin contre luy.

Et de fait, les iniquitez des hommes sont paruenuës à tel degré, qu'en bref le Ciel sera contrainct, ou de se consommer soy mesme pour consommer l'vniuers, ou de verser tous les feux qu'il contient en son globe, pour abismer la terre dans ses propres malheurs, & l'ensepuelir dans ses propres ruynes.

L'Eslement du feu se plaint du Ciel par ce que par sa rapide vitesse, il l'empeche d'aboutir plus hault.

L'Air se plainct du feu, à cause que la moiēne region est tousiours froide, & de ces plaintes s'esleuent quelquefois des troubles estranges, ou Iupiter & Iunon s'entre-chocquent, & n'estoit qu'ils sont freres & sœurs ils s'entremangeroient.

La Mer se plainct de l'air, qui iournellement la bouleuerse de flots & de tempestes, & l'attaque furieusement de ses foudres bruyants.

Les Mattelots se plaignent de la Mer, & la Terre se plainct de l'Ocean de luy enuoyer de si rudes secousses.

Bref, ie ne trouue que m'escontentement & desplaisir par tout ou ie tourne les yeux.

Si ie pourmene ma veuë par tous les cantons de la terre, ie n'y trouueray que mescontentement, que plaintes & que reuolte.

Le Sophy se plainct du Turc, le Turc des Polonois, les Chrestiens se plaignent d'eux mesmes & de leurs mauuaise intelligence.

L'Affrique se plainct de l'Asie, l'Asie de l'Europe, l'Europe de l'Amerique.

L'Italie se plainct des Espaignols, les Espaignols des Holandois, les Holandois de nous autres, d'estre si tardifs à leur prester secours.

Le Roy d'Espaigne se plainct du Roy de France, à cause qu'il ne peut plumer la perdrix en temps de paix, & que ses pretextes sont rompus.

Le Roy de France se plainct de l'Espagnol d'enuahir à son desaduantage sur ses voisins.

L'Empereur se plainct de Bethleem Gabor, Betlehem Gabor du Conte Palatin, le Palatin de Mansfeld, Mansfeld du Duc de Bouillon à cause qu'il n'a point tenu sa promesse, celuy-cy, de ce que la parque luy a coupé le filet & qu'il ne sçait plus parler.

En fin pour conclure, c'est vne vraye comedie, chacun se plainct, chacun est mal content, & semble n'y auoir aucun remede à tous ces mescontentemens.

Mais quelques plaintes que i'aye entẽdu en tous les endroits ou ma curiosité m'ait voulu porter, ie me suis particulierement voulu arrester en France pour y voir la face exterieure du pays, cognoistre ce qui s'y prattique & donner mon iugement sur les diuerses façons de faire que i'y ay veues.

Le Roy premierement se plainct & iustement de tant d'Edicts qu'on luy fait inuẽter pour surcharger son peuple, & est marry de voir tant de sansues & tant de partisans qui sont continuellement à ses aureilles, pour luy persuader la verification de nouuelles & nouuelles inuentions pernicieuses à ſon Royaume, & ſe plainct auſſi, que ſes Courtiſans ne ſont iamais ſaouls que deſpuis trois ans il a fait exceſſiues deſpences pour la guerre des rebelles, & que la pluſpart de ſes Capitaines ont tout emporté, que la Rochelle ſe veut de rechef mutiner & reuolter contre le fort qu'il a fait baſtir deuant, comme il appert par le manifeſte de celuy qui y commande, que les Financiers ont leurs coffres plains, & cepẽdant que le domaine eſt aliené.

Monſieur ne ſe meſcontente que de ſon bas aage: car il ſe promet d'icy à quelques ans de r'entrer en Flandre, puis qu'il y peut reſonnablement pretendre à tout le moins, il a le courage aſſez hault pour l'entreprendre quand il n'y auroit aucun droict. C'eſt que les bons François deſirent & eſperent de voir.

De dire que le Prince de Condé n'eſt pas au nombre des mal-contens ce ſeroit encourir vn blaſme vniuerſel: car il n'y a perſonne qui ne ſçache que ſon abſence eſt vn grand pronoſtic de ſon meſcontentement.

Il ſe plainct de ceux qui auoient le maniement de la bourſe deuant Monpelier, & qu'on ne luy en a fait la meilleure part.

Mais pluſieurs en contre-eſchange ſont mal-contens de luy, & ſe faſchent qu'il va negotier à Rome au deſceu du Roy, & qu'il veut entretenir la guerre ſi pernicieuſe pour la France.

Quelque aduis & conſeil qu'on face courir ſur ce ſujet, ie ne crois pas que le Conte de Soiſſons ſe rappelle à la Cour, nous verrons ce qui en reuſſira, & de fait, ce ſeroit vn nouueau mal-content, cōme pluſieurs eſtimēt.

Tous ceux de la faueur ſont mal contens de ce que leur frere n'eſt encor en vie: mais leurs femmes ſont bien plus deſolées d'eſtre aſſeruies à vn ſi triſte eſclauage.

Auſſi eſt ce vne choſe admirable de voir les reuers de fortune.

Il y a deux ans qu'on ne parloit que de Monſieur de Luyne, de Cadnet & de Brante, & auiourd'huy on

retourne

retourne le fueillet & dit-on, bran de Cadnet & de Luyne.

Monsieur de Longueuille a suiet d'estre mal-content, à cause qu'on donne le gouuernement de Picardie au Connestable Dediguieres, & de fait, l'amour que luy auoient consacré les Ambianois, outre que c'est son pays natal, luy ont laissé de viues impressions en l'ame.

Mais considerant qu'il pourroit s'accomoder aussi bien auec les Normans qu'auec les Picards, il a mis bas le mal-talent qu'il auoit conceu pour se resoudre entierement aux volontez du Roy.

De raconter par le menu les mescontentemens de chaque particulier qui suiuent maintenant la Cour, ce seroit ourdir vne toille de longue durée.

Monsieur D. G. L. est fort mal content de ce que pendant qu'il s'amuse à la Cour, vn Caualier de deça les monts courtise sa femme.

L. D. R. est marry de ce qu'on

luy a estroqué son gouuernement.

Vn pourpointier est fasché de n'estre plus aux bonnes graces de son maistre, quoy que ce soit qu'il n'entre si auant en faueur que ses deuanciers, il a vn bel exemple deuant les yeux.

*Sæpe nimis pleno scinditur ore thorax.*

Le Parlement n'est point bien appointé au Conseil: car l'vn tasche à remettre la France en sa premiere splendeur, & l'autre veult faire verifier de nouueaux Edicts contre les remonstrances des mieux serrez du Royaume. C'est vn malheur desplorable à vn Estat despuis que les valets veulent faire les maistres.

Le Conte de Chombert est mal contant de ce qu'on l'a desmis de ses charges, sans auoir voulu entendre en ses excuses, ny le receuoir en ses offres & propositions: car il croyoit, que si on l'eut examiné de pres, qu'il se fust purgé de l'opinion qu'on auoit imbu de ses prattiques.

Toutefois, ie crois qu'il est bien

difficile de recurer vn pot quand il est enrouillé de long temps, *quem semel est imbuta, &c.*

Despuis que les Financiers sont appris à plumer ils quittent la chasse des Sangliers & des Cerfs pour mettre à la volerie, & de fait, on a veu qui en moins de deux ans, ont volé plus haut que Dedale leur pere.

Mais à la fin Icar est tousiours Icar, la presomption est quelquefois cause de nostre malheur: *testis quem appellant omnes Iouem.*

Vne seule consolation reste à ceux qui sont affligez de ceste maladie là, que quand on les disgratie, leurs coffres sont tousiours plains & ainsi *beati garnits* vaut mieux que rien du tout, le contenant est meilleur que le contenu.

Pour ce qui est du reste des Financiers, ils sont mal-contens de ce que tout le monde aboye apres eux, & de fait, on a tort de leur enuier vn os qu'ils rongens il y a si long temps, vous qui declamez contre eux, si vous estiez en leur place vous pourriez faire pis.

Quoy que ce soit, le mescontentement qu'ils ont est si grand, qu'on tient, qu'ils se sont liguez auec deux ou trois de l'vniuersité, pour improuer la definition de Platon, qui dit que *homo est animal implume bipes*, & qu'ils veulent renuerser ceste Philosophie par experience : car sur tout estans hommes, ils ne veulent encourir le blasme d'estre appellez *implumes* car si iusques icy ils n'eussent point eu de plumes, ils n'eussent volé si haut, ny entré si auant dans les tresors du Roy.

*Fœlix qui potuit rerum cognoscere causas.*

Plusieurs porteront la paste au four pour leurs compaignons.

C'est vne chose de dure digestion à vn homme, quand il void qu'on le fait cornard en sa presence, & que sa femme par vne misericordieuse pieté preste le sien à tous venans, ainsi qu'il arriua dernierement à vn certain mal content de la ruë sainct Martin, que tout le monde cognoist assez bien.

Mais c'est bien vn suiet de plus grand mescontentement, quand à l'arriuee de Monsieur D. G. Madelon la sucree iette son mary dehors pour faire place à son Riual, & souuentefois l'enferme dans son cabinet cependãt qu'elle se donne du bon temps, cela se fait aupres de sainct Paul : mais on vous en diroit bien des nouuelles sur la Tournelle.

Si de la Cour ie reuiens à Paris, comme plusieurs font auiourd'huy, qui estant logé à Argencourt, donnent Fontaine-bleau au diable auec leur procez, ie trouuerois vne infinité de mal-contens.

Ie verray le Clergé qui se plainct de ses inferieurs: l'Vniuersité declamera à son ordinaire contre les Iesuistes, & renoüeront leurs anciennes querelles auec milles execrations foudroyantes. C'est vn mescontentement eternel.

*Neque solos tangit Atridas.*
*Iste dolor.*

Eux de leur costé prendront d'eux

pas en arriere pour mieux ſauter, & par vne voix plus que ſerenique, taſcheront à ſe tenir ferme contre les eſcueils.

Ie verray les Peres d'aupres du Louure, ſe plaindre des Carmes deſchauſſez, & à peine ſçait-on d'ou vient leur querelle. Ie verray les Cours miparties & mal-contentes de tant d'Edicts qu'on leur veut faire verifier. Ie verray tous les Bourgeois de Paris fort mal-contẽs de l'abſence du Roy & me prendra peut eſtre vne enuie d'aller de maiſon en maiſon pour voir les meſcontentemens de chacun.

Il n'y a perſonne qui n'ait ouy parler du mal-contement qu'eut dernierement vn marchand de la rüe aux Ours, lequel eſtant allé au Landy pour eſcoſſer des febues, trouua à ſon retour, que ſa femme ne demeuroit oyſiue, & qu'il faut operer, *dum tempus eſt*. C'eſt la reſponce que fit la femme d'vn certain Pedan de l'Vniuerſité à ſon mary, qui ſe faſchoit de ſe veoir mis & tranſporté dans le Zodiaque au signe du Capricorne.

Vn de ces iours passez il y auoit vn Partisan à Paris qui estoit bien mal content du tour qu'vn de ses voisins luy auoit ioué, le bon homme estoit à Fontaine-bleau pour rapiner & faire des nouueaux monopoles & traffic sur le sel (car c'est le rendez-vous quand on veut plumer) l'autre subtilement se glissant reuny à son marché de cinquante mille escus & emporta la piece.

Pour moy, il faut que ie confesse, que tant de partisans & inuenteurs d'Edicts deuroient estre repus des Cours souueraines, ce sont manges peuple sangsues furieuses qui ont tantost succé ce qu'il y a de bon dans ce Royaume, ils manient toutes les finances, recourent tous les deniers, & se gorgent du trauail de mille & mille pauures personnes qui n'ont point du pain pour sustanter leur vie.

Le cul ne nous fera-il point naistre vn Hercul courageux, qui de sa massue noüeuse accable ces Monstres &

Hermaprodits d'Estat sous la furie de son courroux? Ne verrons nous iamais que ceste France, autrefois la terreur de toutes les Prouinces de l'Vniuers, & l'vnique soustien de toute la terre, qui de l'esclat brillant de ses courageuses entreprises a espouuenté Iupiter dans le Ciel, Neptune dãs l'Ocean, & Pluton aux Cieux de ses Cauernes, reprenne ses anciennes forces, & soit restituee en sa premiere Majeste?

Sera-il dit, qu'vne bande effrenee de Coursaires vn nombre infiny de Pirates & escumeurs aillent impriuément & effrontément à l'aduancement de sa ruyne? & desbandent tous les ressors de leurs pernicieuses inuentions pour eneruer ses forces, la despouiller de ceste masle vigueur dont elle s'armoit autrefois, & pour l'anatomiser en toutes ses parties?

N'est-ce assez si despuis la mort desplorable de Henry le Grand durant le sous-aage de nostre inuincible Lovys, ceste confusion s'est insi-

nuee

nuee par toute l'estendue de ceste Couronne?

N'est-ce assez, si le Royaume a esté la proye, tantost des fauoris, tantost des antropophages, qui s'estoient mesme nourris de son laict?

Quels malheurs n'a-on veu naistre de ses maudites inuentions, ou en sommes nous reduits? quelle licence importune se donne-on auiourd'huy dans cest Estat?

Vous seuls ô diuins oracles du Parlement, pouuez attaquer & combatre ces monstres, vous seuls pouuez estouffer leurs desseins, la Iustice vous a donné sa massue pour terrasser le vice resistez à ces deuoreurs qui pillent ainsi nos biens à nos yeux, & masquēt leurs entreprises du nom de celuy qui ne respire que la Iustice, & qui n'a rien de plus agreable que de rechercher le soulagement des pauures & desolez François.

Il n'y a pas vn de nous, qui ne soit mal-content de ces partisans, nous ne voyons pas leurs bras: mais nous sentons bien leurs mains, nous ne les cognoissons pas: mais on nous les fait bien cognoistre malgré nous.

O Diuin Thesee, qui domptas iadis tant de Monstres, & terraças tant de Pirates, qui allouuiment acharnez sur le sang des pauures passans, ensanglantoient leurs mains parricide dans leurs vies innocentes, si les parques te permettoient de franchir nostre bord & que du trẽchant de ton fer, tu peusse ietter bas tous ces monopoleurs, combien nostre France te seroit-elle redeuable nous serions alors contens & produirions assurément nos iours, dans vne tranquille, douce, & paisible sans ressentir les dures trauerses, & encourir les tristes esclandres duquel nous sommes iournellement attaquez.

Ie vous ay descrit quelque chose du mescontẽtement de quelques vns en particulier, mais en general, toute la France est mal-contente, ie n'y entends que plaintes, que cris, que gemissemens & pleurs, si ie me trouue du costé de la Picardie, & de la Champaigne, ils se desplaisent d'estre suiets à tant de changemens, d'auoir esté iusques icy rongé iusques aux os, & principalement, de ce Regiment de Nauarre, qui par tout ou il passoit faisoit vne leuee de deniers sur les villages, cela deuroit estre puny.

Les Champenois disent, que toute leur frontiere est seiche & auide, & regrettent de ne s'estre deschargé sur les troupes de Mansferd tandis qu'il y faisoit beau, & qu'il y auoit tant de Noblesse assemblee pour rien faire: car pour le iourd'huy, il est mieux à son aise qu'il n'estoit pour lors, il s'est emparé d'vn nouueau pays sans coup ferir, ou l'Espagnol pense l'aller attaquer & surprendre: mais il sçaura bien s'en demesler, aussi bien que dans le Brabant.

Si ie ne tourne du costé du midy & que i'aille reuisiter les anciennes cendres de la Guyenne, du Saintonge & Languedoc, ie trouueray vn mescontentement vniuersel parmy les habitans de ces pays.

Tous sont mal-contens de la guerre, & si plus long temps ceste misere eut deschargé ses rigueurs sur cest Estat, la moitié du Royaume estoit contrainct de faire place aux autres, & d'abandonner leur pays.

Si ie tourne les yeux du costé du Poictou, ie ne rencontreray que desolation generalle, tous les villages & bourgades sont ruynez, les villes appauuries, les chasteaux & forts poudroyez, ce que ie ne regrette point tant qu'vne infinité de pauures veufues & orphelins qui crient misericorde, & ne sçauent par quel moyen respirer l'air de la vie, tant les calamitez y sont grandes & insupportables, & ce aussi bien entre les familles Catholiques que de l'autre party.

C'est en quoy, ceux qui n'aiment la guerre ont iuste suiet d'estre mal contens: car les François qui n'ont les yeux qu'aux talons, ne s'apperçoiuent pas que la continuation de la guerre est la ruine de France, & l'aduancement de l'Espaignol : Ç'a esté vn coup d'Estat bien assené, quand le Roy d'Espaigne a fait persuader par ses agens & pensionnaires qui sont aupres du Roy de France, qu'il failloit faire la guerre & reprendre les vieux drappeaux de la ligue, afin de submerger l'Estat : car cependant que le Roy de qui les palmes immortelles reuerdissent tous les iours, faisoit paroistre mille beaux effects de son courage, & s'armoit contre ses suiets rebelles. L'Espaignol au desaduantage de ceste Couronne a empiété le Palatinat, le Royaume de Boheme, la Valtoline & les Ligues Grises.

Qui est celuy qui aye tant soit peu de iugement, qui ne vid à l'œil, que par ses factions, on ne couche que du raual & de la ruine de ceste Monarchie.

L'Espaignol fait profit de tout, il a commencé vn alliance auec l'Anglois maintenant que le Prince de Galles est en son pays & en son Royaume, il veut faire telle condition qu'il luy plaira, de tascher à remettre la liberté de conscience en Angleterre, & y faire reuiure la Religion Catholique, Apostolique, Romaine, c'est vn dessein qui est tres-bon, & n'y a personne qui ne desire cecy à nostre Religion, qui a esté presque oubliee en ce pays: mais ce sont les pretextes ordinaires du Roy d'Espaigne.

—— *His ille in prælia suetus.*
*Ferre manum.*

Ainsi peu à peu il vsurpe les Couronnes de l'Europe, & n'a point d'autre dessein, que de se dire vn iour maistre de l'Vniuers, si on le laisse faire.

Qui demanderoit maintenant aux Anglois s'ils sont mal-contens de ces menees, ie vous laisse à pẽser ce qu'ils respondroient, voyant que ce Roy pour ostage & retraitte, veut qu'on luy donne deux haures dans l'Angleterre, & deux des principalles fatelistes.

Il ne s'en faut pas estonner, ce ne sont que ses prattiques ordinaires, & nous autres, cependant fondez sur le ne sçay quel mescontentement particuliers, nous nous entremangeons & voulons à toute force nourrir & entretenir la guerre en ceste Monarchie.

*Fugite hinc later anguis in herba.*

Ne nous laissons pas brider le né comme les oysons, *non bene ripæ creditur* tout ce qui vient d'Espaigne m'est suspect, ie ne fus & ne seray iamais Espaignol, & sont gens sans foy, nous l'auons experimenté à nostre dam, & ces champs encor fumans de sang & de carnage le peuuent tesmoigner.

Bref, pour conclure quand l'Espagnol parmy nos tumultes & guerres ciuilles aura enuahy tous les enuirons de ce Royaume, & que au lieu de prester secours à nos voisins, nous nous amusions à nous entre-tuer, Que luy restera-il, nos forces estant espuisees, que de tourner les armes contre nous? *Nec longè exempla petuntur,* Tous les Royaumes, Terres, Prouinces & Contrees, qui ont esté enuahie par l'Espaignol, ont esté attrappez de la sorte.

Songeons donc à nos affaires, & à celles qu'on minute contre nous, ce seroit vn mescontẽtement bien grãd, si on faisoit quelque chose en cet estat contre l'intention du public.

Nous aurions alors suiet d'estre mal-contens, & pour vn, il y en auroit cent mille, il vaut mieux se garder du loup estant encor en son ieune aage, & luy limer les dents de bonne heure, que d'attendre qu'il aura toutes ses forces pour se ietter sur le troupeau.

*Mala præuisa minus lædunt.*

FIN.

# LE TRIOMPHE de la France.

Contre

Les Antropophages de ce temps, Ennemis de l'Estat.

May

M. DC. XXIII.

# LE TRIOMPHE DE LA FRANCE

## AV ROY.

ME voicy deuant vostre Majesté, SIRE, toute belle, toute riante & toute chargée des trophées de voz Triomphes, Ma face surpasse la neige en blancheur, puisque la vostre porte en soy la cleméce, Ma grandeur n'a point de limite, puisque vostre valeur n'a point de borne; L'estranger me craint à cause qu'il vous redoute, Et voz subjets m'ayment entant qu'ils vous affectionnent. Ie suis toute vostre (grand ROY) & rien ne me peut separer de vostre amour! non-plus que le Cinnamome arbrisseau qui ne peut estre osté du lieu ou il est planté sans luy faire perdre la vie.

Plusieurs ennemis de la vertu & de vostre estat m'ont rendue tantost malade & tantost mourante; pour donner lieu d'ejouïssance aux estrangers qui ne demanderoient pas mieux que ma mort, mais le bandeau de l'ignorance qui les a jusques aujourd'huy aueuglez, n'a permis qu'ils ayent eu la cognoissance de ma santé ny de ma beauté? Ce sont des Medecins malades qui ordonnent des choses à ceux qui n'en ont aucun besoin, & ne les prennent pas pour eux, ou des Epicuriens qui se moquent de la prouidéce de Dieu & veulent que tout roulle à l'auanture, à fin d'establir leur felicité bestialle.

Il n'y a que vous SIRE, & ceux qui ont l'honneur d'approcher de vos oreilles, & participer à vos secrets, qui puissent cognoistre ma disposition nom-pareille, & la nom-pareille allegresse que ie reçois en l'ame de Triompher dãs vos Triomphes; De m'esgayer en vos esgayemẽs, M'esuertuer en vos vertuz, M'encourager en vos courages, Estre bonne en vostre bonté, Recompense en vos recõpenses, Iuste en vostre justice, Charitable en vostre charité, Belle en vostre beauté, Et parfaicte en voz perfections. Ie n'ay iamais eu sujet de me plaindre de vous, puisque par vous ie me vois esleuée en honneur par dessus toutes les Monarchies de l'Vniuers.

Il y auoit ce me semble beaucoup plus d'apparence de publier mon infirmité du temps que Iean l'vn de mes Roys, fils aisné de Philippes V. fut enleué en Angleterre. Lors des seditions qui suruindrent chez moy entre la maison d'Orleans & celle de Bourgongne, pendant le regne de Charles V. Et lors que Charles VII. presque depoüillé de Sceptre & de Couronne, fut secouru de la generosité de Ieanne Drac surnommée la Pucelle d'Orleans. Que non pas aujourd'huy qui ie me puis dire la plus saine, la plus nette, la plus heureuse, & la plus contente Princesse du monde, comblee de magnificence, couuerte de lauriers, enuironnee de palmes & d'oliues, Noble si iamais ie le fus, genereuse en tout temps, humainement conseillee des miens, accortemẽt receuë des gens d'honneur, & courtoisement bien venuë dans les ames sainctes qui n'ont rien tant en horreur que le mensonge, & la médisance de nos Antropophages.

C'est de toute antiquité, SIRE, que le vice & la vertu ont esté cõtraires; Le vice insatiable en ses volontez, se precipite sans guide dans le profond des enfers, ne laissant à sa posterité qu'vne Iliade d'epithetes, qui doiuent estre plustost cachées sous le silence, que publiees: Au contraire la vertu du tout opposee à cette fille perduë se voit tellement guidee de la raison, que ses enfans sont la loüange des peres, le laurier de leur honneur, la palme de leur renommee, la source de leur prudhomie, la fontaine de leur gloire, la perle de leur candeur, le tresor de leur memoire, la fleur de leur Iustice, le fruict de leur contentement, le nerf de leur pudeur, le lien de leurs souhaits, l'arche de leur temperance, l'anchre de leur repos, le feu de leur pieté, le flambeau de leur sepulture, les rayons de leur bon-heur, le soleil de leur fœlicité, le temple de leurs bonnes mœurs, Et en fin l'Astre rayonnant de leur bonne vie; Epithetes qui seruent d'échellons à l'immortalité.

Par les degrez de cette Vertu, Grand Roy, ie

voy les Anges communiquer à vos oreilles les secrets du Ciel, & vos desseins reüssir si à propos, que les hommes les plus parfaicts, & les mieux confits aux affaires du monde seront contraints d'aduoüer que DIEV seul est vostre Protecteur, comme vous estes mon Defenseur. Vous auez l'heur d'Alexandre, & l'asseurance de Cesar; que si vos victoires continuent comme elles ont commencé, Cesar & Alexandre troqueront de nom pour prendre celuy de LOVYS, mes bornes s'étendront,

*Où l'Euphrate prend sa source,*
*Où le Gange prend sa course,*
*Et par tout où le Soleil*
*Montre le feu de son œil.*

Qui peut doresnauant s'opposer à vos desseins (Grand Prince) puis qu'à l'ombre de vostre Majesté toute Royale les ennemis disparoissent, & ne se monstrent plus; Vostre œil est Loriflame de vos predecesseurs, qui a pouuoir d'aueugler les clairs-voyans, vostre presence étonne les armees, & vostre courage joinct à la misericorde se contente de triompher du camp sans triompher du sang: imitant en cela l'Aigle, qui a le cœur si grand & si noble que de se laisser piquer par des moucherons plustost que de les écrazer, indignes de receuoir la mort du bec ou de l'æsle d'vn si celeste oiseau.

A la verité, SIRE, la Misericorde est necessaire aux grands Monarques comme vous, pour attirer à eux l'amour du peuple, la voix duquel est la voix de Dieu. Et de fait, la plus forte Citadelle d'vn Prince est la bien-veillance de ses subjects. Le peuple est la garde du bon Prince; comme le Prince garde le cœur du peuple par la raison, Et ce mesme peuple l'appelle son pere, la Noblesse son chef, la Religion son deffenseur, l'Eglise son protecteur, les Loix leur gardien & tuteur, & les Armes leur Mars, par la frayeur desquelles il peut brider les plus mauuais & dedans & dehors le Royaume. C'est pourquoy les Atheniens selon Macrobe au 3. liu. de ses Saturnales, auoient en leur Cité vn Temple dedié à ceste misericorde; qui estoit tellement gardé que sans licence & congé du Senat nul n'y pouuoit entrer, parce que là estoient seullement les statues des Princes pitoyables; Hé? que diray-je de vostre clemence, grand Roy, qui surpasse non seullement les Princes pitoyables d'Athenes, & la charité des Roys de Perse, mais de tous ceux qui ont iamais esté. Pardõner à celuy qui se declare vostre ennemy, Qui trãche du Roy à vostre prejudice, Qui soustient vn combat, contre la raison, & qui puis apres est vaincu, Est vn pardon autant admirable que celuy que fist Sainct Louys à ceux qui auoient esté enuoyez pour le tuer par Arsacides Roy des bandouliers. C'est donc vostre misericorde, Sire, qui seruira de guide à la premiere roue du char sur lequel vostre Majesté me fait Triompher aujourd'huy.

Si l'Amovr est admirable en ses effects (comme il est vray semblable) Ie le prendray pour la seconde roue de mon char triomphal, helas;

SIRE, ou trouueray-je vne plus grande amitié que celle qui saisit vostre ame & qui s'empare des facultez de vostre entendement, ou trouueray-je vn Prince si doux & si affable que vous qui portez sur le frond le miroüer de la prudence, qui succez en la bouche le miel des Ruches Hymettiennes, & qui auez dans le cœur la recompense de voz bons seruiteurs. Plutarque en la vie d'Alexandre dit qu'Antipater taschoit de sapper l'amour que ce grand Monarque portoit à la Reyne Olimpie sa mere, & qu'il fut si temeraire que de luy escrire vne lettre allencontre d'elle toute plaine de fauces accusations, mais ce jeune Prince l'ayant leuë d'vn œil enflammé de courroux contre luy, dit qu'il s'abusoit fort de penser par tels artifices rompre les liens indissolubles de l'affection qu'il portoit enuers sa mere, & que la moindre goutte de ses larmes estoit plus que suffisante pour effacer dix mil lettres semblables à celles d'Antipater, Vous estes, grand ROY, ce braue Alexandre qui auez rejetté les missiues & les paroles des Antipaters de ce temps. Pour continuer l'affection que V. M. a de tout temps ancrée sur ceste Magnanime Princesse vostre mere qui porte dans le cœur les lettres de vostre nom & le zele de vostre seruice.

Ie trouue, SIRE, que depuis vostre naissance jusques à present vous auez jmité le chemin de l'amitié des plus grands Roys de la terre, Iules Cesar aymoit tant Aurelie sa mere, qu'il ployoit soubs le joug de son obeissance, Charlemagne ayma si parfaictement la Reyne Berthe sa mere, qu'il n'auoit aucune partie de son ame qui ne fut ardemment ambrassée du feu de son eternelle affection, S. Louys cherit tellement la Reyne Blanche sa mere qu'il la laissa regente de son Royaume au voyage qu'il fist d'outre mer dans le Nauire de l'Eglise ou estoiét mes Argonautes. L'Empereur Constantin paruenu à sa majorité despartit le gouuernement de son Empire à l'imperatrice Zoé sa mere femme de l'Empereur Léon V. & se seruit de la lumiere de son esprit comme d'vn phare & d'vne estoille luisante pour mieux conduire la nef de son estat, Volater. lib. 23. Et vostre Majesté paruenu à vostre majorité despartit à vostre vnique mere le Gouuernement de Normãdie. Agnes mere de l'Empereur Henry III. gouuerna long-temps l'Empire auec le Roy son fils d'vne pareille vnion de cœurs & conformité de desirs, comme si ce n'eussent esté que deux ames en vn mesme corps, ou deux corps en vne mesme ame, l'Empereur Tibere, selon Dion. Hist. Rom. lib. 57. permit vn long traict de temps que Liuie femme du grand Auguste sa mere, qui auoit longuement regi l'Empire durant la vie de son mary, ombrageat sa teste des Lauriers de l'auctorité Imperialle, luy permetãt que toutes les pattantes & depesches fussent signées & scellées aussi bien de son sceau comme du sien. Et ie voy aujourd'huy, SIRE, que vous auez ceste mesme amitie de Tibere enuers Liuie, & d'autre-part ceste genereuse Liuie si bien conseruer le droict de vostre Couronne, que les Hydres, quelque part qu'ils viennent, n'y pourront toucher. Voila, SIRE, les effects de vostre amitié filiale.

Et les effects de l'amitié maternelle sont semblables à la mere de Tobie, qui fondoit toute en larmes de douleur au départ de son fils, qu'elle appelloit le baston de ses mains, la lumiere de son œil & l'œil de sa lumiere: Amitié maternelle qui n'a moins de courage que Tomyris Reine des Scythes, qui aima tellement son fils Sergapise, défait & tué par le Roy Cyrus, qu'elle prist l'autheur de cette mort dans les pieges de ses embusches, luy fist trancher la teste, & la fist plonger dãs vne cruche pleine de son sang pour étancher la soif cruelle du sang humain, dont ce Cyrus sembloit auoir esté alteré toute sa vie. Amitié maternelle qui n'a moins de generosité qu'Arsinoé, la chair & les os de laquelle seruirét de bouclier pour la deffence de ses enfans, les traicts de son amour estants plus forts, que les poinctes de fer dont les assassins gagez de la fureur du Roy Ptolomée son frere transpercerent leur sein, qui moururent en la baisant, & tirant l'ame de leur bouche pour l'enfermer dans le corps d'où ils auoient pris la vie.

*On dit tousiours que la force,*
*Pour si grande qu'elle soit,*
*Ne doit point mettre le doigt*
*Entre le bois ny l'écorce.*

L'amour & l'amitié que ie recognois de plus en vostre Majesté, SIRE, ce sont celles que vous portez à vostre vnique Espouse; l'honneur de l'Espagne, fille aisnee de la Sagesse, l'abregé des

Vertus, le modelle des Perfections, l'exemple de Chasteté, & le mirouër de l'Obeïssance: C'est en cest amour vnique (grand Roy) que le Ciel vous rit, voyant que vous estes semblable au bois appellé Rouure, qui a vn tel naturel, qu'il est impossible de le pouuoir jamais coler auec vn autre bois que le sien, Pline lib. 16. ch. 43. Rien ne peut estre parangonné à l'amour conjugal, ce sont des Alcions inseparables, la renommee les porte par tout. Vous estes, SIRE, semblable au Canthare poisson marain, qui ne fait jamais bãqueroutte à ses premieres amours: Aussi pour recompense de cette singuliere amitié le Ciel vous à donné vne Princesse pareille à la Topaze, la splendeur de laquelle s'augmente quand elle voit les rayons du Soleil, & surpasse toutes autres pierres en clarté. Princesse dont la delicatesse triomphe de la Lydienne, sa Majesté de l'Attique, & sa Constance & grandeur de courage de la Lacedemonienne: Amitié conjugale, si grande & si admirable, qu'elle ne deura rié de retour à celles d'Admet Roy de Thessalie & d'Alceste, d'Euadme & Iphias, de Protesilaus & Laodamie, de Pompee & de Iulia, de Mausole & d'Arthemise, & d'vne infinité d'autres, dōt l'amour est buriné sur l'autel de l'immortalité.

*C'est vn don incomparable,*
*Quand deux cœurs sont bien vnis:*
*Et rien n'est aussi semblable*
*A l'amour des Fleurs de Lys.*

Ce qui est encore remarquable en vous, SIRE, est la singuliere amitié que vous portez à Monſieur voſtre Frere, & l'obeïſſance que ce jeune Prince (miracle de nature) reciproque à voſtre Majeſté : Il eſt vray qu'il y eſt naturellement obligé, mais il a je ne ſçay quoy de releué en luy qui paſſe le deſſus des ſecrets de la meſme nature, Et ſon viſage autant braue qu'amoureux joinct à ſa nourriture Vertueuſe, ne promet autre choſe que de vous ſoulager bien toſt en vos fatigues, ſon deſir ſouhaitte voſtre repos & le mien, & ſes deſſeins conduits de la diuinité & de voſtre faueur, me font croire qu'vn iour,

*Voſtre Sceptre, & voſtre Couronne*
*Iouyront non ſeulement,*
*Du Clymat de Babylonne,*
*Mais du monde entierement.*

Et cette amitié fraternelle eſt imitee ſur Hieron Siracuſain, qui aima tellement ſes trois freres, qu'ils veſquirent enſemble toute leur vie en perpetuelle concorde, ſans auoir jamais eu aucune noiſe, Ou ſur Lucullle, qui cherit de telle ſorte ſon frere Marc, qu'il ne voulut accepter aucunes charges, offices, ny dignitez ſans luy, qui l'honoroit plus que l'honneur, en le preferãt aux honneurs meſmes: Ou bien ſemblable à celle que Xerxes portoit à ſon frere Ariamene, le Roy de Sparte Cleomene à vn Euclide, Dagobert Roy de France à vn Ariperte, Ramire Roy d'Eſpagne à vn Garſie, Tous freres leſquels furent ſi viuemẽt enflammez de leur amitié, qu'ils leur firent part de leurs Sceptres & Couronnes, comme ſi leurs grandeurs euſſent eſté mépriſables ſans eux.

Outre cet amour fraternel, ie voy sortir de vos yeux vn nombre infiny d'élancemens d'amitié, tant sur les Princes de vostre Sang, que sur les autres dont les merites égallent la valleur: Ouy, grand Roy, ie voy des yeux de l'ame vostre cœur ouuert, sans fraude ny sans fiction quelconque, pour receuoir à tous momens les vœux, les sermens, les seruices, & la fidelité de ceux que le Ciel a fait naistre pour vostre seul appuy, & les éleuer de degré en degré sur le theatre de vostre bien-veillance, où leur qualité & leur genorosité les appelle: C'est en quoy, SIRE, vous estes grandement loüé, de jetter la paupiere de vostre faueur sur le front de ceux qui font moins de cas de la mort que de la vie, pourueu qu'en la perdant ce soit à vostre seruice, & pour la conseruation de vostre Estat. La mort n'est pas vne mort à celuy qui la perd pour son Prince, ains vne gloire eternelle qui n'a point de limite en sa recompense.

Mais ie passe encore plus outre (grand Roy) pour témoigner les effets de vostre amour, puis qu'il se communique à toutes sortes de personnes; Les Astres n'empruntent leur lumiere que du grand Phanal des Cieux, & la clarté de vos sujects ne prouiét que de vostre Majesté Royalle, le Soleil se communique non seulemét à tous les Astres qui ont leur mouuement dans l'hemisphere celeste, mais encore sur la terre & soubs les eaux; Et les rayons de vostre bonté se communiquent non seulement aux Citoyens de vostre hemisphere Françoise, mais encore aux estrangers, que vostre bon naturel a éleuez jus-ques au periode de toute dignité.

*Qui a soif aille à la fontaine,*
*Qui veut paroistre aille à la Cour,*
*C'est au hazard, prends-en la peine,*
*Chacun y va faire son tour,*
*Et le tout en esperance*
*D'estre vn des premiers de France.*

Le plus grand signal de l'amour d'vn Monarque enuers qui que ce soit est la Liberalité, & ceste seulle liberalité a esté cause aux siecles passez que plusieurs Roys sans Royaumes ont acquis des Couronnes sans combattre, Il n'y a rie qui rende vn Prince si recommendable que ses bien-faicts, Or est-il, SIRE, que ie trouue ceste liberalité logée dans vostre Cabinet? Alexandre sans pair, employa tout le Domaine des Roys de Macedoine à recompenser ses Soldats & Capitaines, ne se reseruant pour luy que l'esperance bastie, sur le desespoir de ses ennemis. Cyrus donna la plus grand' part de ses biens à sa Noblesse; faisant son or de leur fidelité, son argent de leur fer, ses finances de leurs prouesses & ses tresors de leurs seruices & affections, Xenoph. de instit. Cyri lib. 3. Agesilae souloit dire selon Sabell. lib. 2. Enn. 4. Que l'office d'vn bon Empereur estoit de ne se point enrichir quand à soy, mais bien son Armée & sa Noblesse qui luy debuoit estre plus chere que soy-mesme; Auguste César faisoit present aux vaillans Guerriers de colliers & chaisnes d'or en recompense de leurs exploicts militaires pour mieux les lyer & enchaisner à son amour & à la vertu, d'ou semble estre venuë l'inuention du collier des Cheualliers de l'Ordre, Suet: en la vie de Cesar. L'Empereur Seuere n'auoit rien de Seuere enuers les Nobles sur qui principallement il versoit la douce rosée de ses loüanges parmy celuy de ses presens, Alex; ab Alex. lib. 2. chap. 29.

Hé! Que diray-je, grand ROY, de voz liberalitez qui surpassent celles des Monarques anciens puis-qu'elles se sont estenduës, non seulemét sur vostre Noblesse; mais sur plusieurs particuliers qui vous estoient indifferends. Quel plus grand traict d'amitié peut-on cognoistre en vostre Majesté, non seullement d'esleuer au Periode de la fortune ceux ou vostre bon naturel les appelle; mais de les y maintenir & les y conseruer malgré les bourrasques de l'enuie & les flots escumeux de la médisance, Tout ce qui plaist à vn grand Roy comme vous doit estre trouué agreable dans le cœur de ses subjects: Vous n'estes pas le premier, SIRE, qui auez d'vne affection nompareille fauorisé des fauorits, C'est l'ordinaire des puissans Princes de prester plustost l'oreille aux vns qu'aux autres; Et en cela vous auez imité l'Empereur Gratian qui auoit pour faucry Macedonius. Le ieune Empereur Vallétinian, Calligone. L'Empereur Theodose, Ruffin. L'Empereur Honorius, Stilicon. Le Roy Pirrhus, Cyneans. Le Roy Alaric, Sichlarius Goth.

Et non contant, SIRE, d'auoir suiuy les tarces fauorables des Monarques qui ont aymé des personnes priuées, vous auez encore tracé la piste de ceux qui ont eu pour precepteurs & Conseillers les plus grands Philosophes de leur temps, & par consequent possedde comme Alexandre, vn Aristote. Comme, Auguste Pisto Comme Pompée, Plaute. Comme Tite, Pline. Comme Adrian, Seconon. Côme Trajan, Plutarque. Comme Anthoine, Apollonius. Comme Theodose, Claude. Comme Seuere, Fabate. Comme le Roy Daire, Lichan. Comme le Roy Artaxerce, Mindare. Comme Palemon grand Capitaine Athenien, Xenocrate. Comme Pirrhe Roy des Epirotes, Artenius. Et comme Cyrus Roy de Perse, Pristic. Voyez-donc, SIRE, si ie n'ay pas juste sujet de m'esiouir en mon Triomphe, puisque vostre liberalité égalle & voire surpasse toutes les liberalitez des Monarques passez. C'est ce qui me réd braue que vos bienfaicts, voz presens me font porter les Perles & les Diamans, voz dons entretiennét mes pallais Et voz pensions maintiennent mon équipage. Mais quoy que ie louë grandement la liberalité si est-ce que ie n'en fays point d'article particulier, ains ie l'vnys à l'amitié de laquelle elle deriue, Car qui n'ayme ne donne rien. Et partant vostre Majesté, SIRE, sert de guide à la seconde rouë du char de mon Triomphe.

La IVSTICE sera la troisiesme qui aydera à rouller mon Chariot par tous les cantons de la terre; Chacun vous appelle IVSTE, Grand ROY, Epithete qui n'appartient qu'à vn

bon

bon Prince comme vous ; Et à la verité, ce n'eſt pas ſans miſtere que vous portez ce tiltre de IVSTE, puis que vous eſtes le Soleil de Iuſtice, & que vous auez en l'ame les marques & les qualitez d'vn bon Prince ; Celuy doit eſtre appellé juſte qui prefere à ſon bien le bien de ſa patrie, lors qu'il eſt fleau des vicieux & Protecteur des bons, qu'il ouure l'oreille au Sage & la ferme au flatteur, lors qu'il aime les ſiens, & qu'il eſt humble en ſon ame, quãd par ſes mœurs il chaſſe pluſtoſt les vices de ſon pays, que par la rigueur des loix & des ſupplices; Lors qu'il commande à ſes deſirs : car pour eſtre veritablement Roy, il eſt neceſſaire l'eſtre de ſoy-meſme? Eſtre debonnaire, affable, gracieux, prodigue de recompenſes, & auare de peines ; Entreprendre froidement vne juſte guerre, & la battre chaudement ; Eſtre chef & ſoldat, le ſoldat eſt vn foudre quand il voit ſon Prince qui marche deuant compagnon en fortune, & qui juge de ſes coups ; C'eſt vn Prince veritablement iuſte, qui venge les injures publiques, & oublie les ſiennes propres ; Ouir les cris & les pleurs des affligez pour leur rendre juſtice ; Ne fauoriſer les grands contre les petits, donner audiance aux plus moindres, & choiſir des Magiſtrats qui viuent deuant Dieu. Voila, Grand Roy, les qualitez qui font nommer vn Prince Iuſte : Or eſt-il qu'il n'y en a pas vne ſeule qui ne vous ſoit attribuée. Toutes ces marques de Iuſtice ſont burinees dans le ſecret de voſtre cœur, Et par conſequent la raiſon qui regit & gouuerne les ſens

vous a fait appeller parmy vos François &
Estrangers, LOVYS LE IVSTE. Epithete ad
rable, qui attire apres soy la bien-veillanc
peuple, & la benediction du Ciel. Benignit
verité conserueront le Roy, & soustiendrôt
throsne par Clemence, Prouerb. ch. 20. Les
ures justes plaisent aux Roys, & aiment ce
qui profere choses droites, Prou. 26.

Puis donques, SIRE, que vous portez su
front les Stigmates des Epithetes de Iuste, ne
ray-je pas ce que dit Tabell. lib. 8. chap. 2
Tite Vespasien, qui pour sa benignité fut app
les delices du genre humain ; Ne suiuray-je
les mesmes termes que Hedio. n Chron. Ge
dit de l'Empereur Othon, qui pour sa g
cieuse humanité fut surnommé l'amour du m
de: Ne diray-je pas ce que Iustin lib. 1. dit de
xores Roy d'Egypte, & de Tanaïs Roy de S
thie, qui ne cherchoient leur gloire que d
l'honneur, & leur bien qu'au profit de leurs su
jects: Ne me sera-il pas permis de vous attrib
l'Epithete que Ciceron, 2. de Orat. dône à M
Antonin Empereur surnommé le Pie, qui fut
pellé Pere de la patrie, Et dire de vous ce
l'on dit de Ptolomee Roy d'Egypte, qui acq
le nom d'Euergete & de bien-facteur de
peuple, n'ayant jamais voulu porter du dom
ge à personne. Ha! ouy certes, SIRE, ie puis
toute asseurance couronner vostre chef des gu
landes de louanges de ces grands Monarq
anciens, puis que vos actions vous acquierent
que les autres ont acquis és siecles passez.

Mais comment ne recognoistroit-on vostre Majesté pour IVSTE, puis que chacun voit oculairement que la Iustice, fille de Iuppiter & de Themis, regne dans vous, & qu'elle a estably son throsne dās le cabinet de vostre cœur? Comment ne seriez-vous pas Iuste, SIRE, puis que la Iustice vous gouuerne, vous nourrit, vous entretient, & rend vos paroles des Oracles? Qui vous empescheroit d'estre Iuste, puis que la Iustice vous enuironne de toutes parts, & qu'elle vous sert de guide en la conseruation de vostre authorité, & empesche que ie ne sois troublee en mon repos: Ceste fille, la plus belle Déesse du Ciel, conduit le droict de vos armes contre vos ennemis & les miens, & maintient la tranquillité de vostre Estat & de ma beauté, contre les perturbateurs du repos public, & des Antropophages de ce temps, qui me rendent malade en ma santé, & mourante en triomphant.

Comment dis-je, Grand ROY, ne seriez-vous appellé IVSTE, estant comme ie vous ay dit le Soleil de Iustice, Ou possedant chez vous la Iustice mesme; Comment ne seriez-vous IVSTE, ayant à vos oreilles tant de Senateurs Romains, & tant de Iuges areopages les merites desquels sont aussi bien cognus dedans que dehors le Royaume, Comment ne seriez-vous IVSTE, SIRE, voyans dedans voz Parlemens tant d'Astres & tant de Brillans cōmuniquer auec vostre Iustice, Que si ce n'estoit la crainte d'abuser de vostre patience toute Royalle, Ou d'estre appellee flateresse, ie monstrerois à vostre Majesté que ceux qui m'ont renduë mourante, sont personnes ennemies de la verité, Bourreaux de leurs consciences, Loups rauissans l'honneur d'autry, Et chiens enragez qui se jettent indifferemment sur toutes sortes de personnes.

*Ce sont Hyppocondriaques*
*Qui ne sçauent ce qu'ils font*
*Où s'ils font quelques attaques*
*C'est sans sçauoir ou ils sont.*

Toutesfois, SIRE, Ie supplie tres-humblement vostre Majesté me permettre de faire voir à vn tas de personnes ignorantes qui ont l'esprit plus porté à croire le mensonge que la verité, combien vous estes enuironné de lampes ardantes qui bruslent & trauaillent incessamment en vostre Conseil d'Estat pour separer la lumiere des Tenebres, & l'equité de l'iniquité, Flambeaux lumineux qui ne sõt nez que pour esclairer V. M. Astres jumeaux tellement vnis au bien de l'Estat, que leur bien mesme ne les en peut separer. SIRE, ce n'est point pour flatter vostre Conseil d'Estat lumiere de vos yeux & les yeux de vostre lumiere, mais ie dis que de long-temps il n'y a eu d'aussi capables hommes & gens de bien que ceux qui ont l'honneur aujourd'huy d'entrer en vostre Conseil. Les feux Sieurs Cardinal de Rets, de Vic, & Caumartin, ont tellement serui vostre Majesté qu'en cõsideration de leur fidelité & de leurs trauaux, ie croy fermement que leur ame est dans le Ciel, joinct que quand ce ne seroit que la Iustice qu'ils ont renduë (par vostre cõmandement) à des innocens qui estoi-

prisonniers l'année passée à la Bastille de l'auctorité de feu Monsieur de Luynes ; Il est incroyable que Dieu ne les recompense au double, & qu'il ne fasse prosperer vostre estat & fructifier vos desseins.

*Quiconque a la souuenance*
*De conseruer l'innocence*
*Contre la fureur des grans*
*Dieu le protege à toute heure*
*Et sur la fin de ses ans*
*Le Ciel est pour sa demeure.*

Si i'entre maintenant en la consideration de ces esprits supremes qui presidét en vostre estat, Ie voy vn Cardinal d'vn costé, & vostre Chancellier de l'autre dont les faces sont si rayonnantes & si plaines de celeste clarté que ie puis dire asseurément que la prudence de l'vn & de l'autre ne cedderōt à pas vn de ceux qui les ont preceddez. Vante qui voudra les chefs du Conseil passez & les Chancelliers deceddez, quand à moy j'arreste les yeux de mon esprit sur ces deux cy, à qui rien n'est jgnoré, Ie ne dis pas que le Chancellier de l'Hospital n'ayt acquis vne grãde reputation d'homme de bien, mais depuis sa mort plusieurs Chãcelliers ont acquis le mesme honneur. Entre autres le Chancellier Hurault, les Sieurs de Cheurieres & de Bellieure, & sans offencer les loüanges qui appartiennent à chacun d'eux pour leurs seruices & leurs merites. Ie pourray dire à vostre Majesté que vostre Chancellier de Sillery ne leur doit rien de reste. On ne peut mettre en doubte ses

Ambaſſades : Les fruicts qu'il y a prouigne pour le bien de ſon Prince qui l'enuoyoit, la co gnoiſſance qu'il a de longue-main dans les af faires ; Le ſecret des intentions de ſon R L'affection de voſtre ſeruice, Le zele de mon pos, Et le bien de voſtre Eſtat. En luy, SIRE, treuue les qualitez d'vn Iuge équitable ſembl ble au Mont-Lyban qui porte la teſte droic Qui meſpriſe les Autans, les pluyes, la glace, rit des bourraſques, & braue va foullant ſou ſes genoux l'orgueil du tonnere roulant. C vn Iuge inflexible qui ne craint la hayne, Q foulle les faueurs, Qui peſtrit ſoubs ſes pieds les peurs & les pleurs, Qui ſçait accortemen tirer l'ame des Loix en affaire douteuſe, prudent ſubtilize, Qui anatomiſe les cœurs plaideurs ruſez, Qui n'ignore de rien ; Et qu chacun tient à bon droict ſa voix pour ora Ce ſont les Epithetes de voſtre Chancel Grand ROY, qui malgré les bourraſques An pophagiques & les enuies du temps paroiſt ſoubs voſtre auctorité, cõme l'herbe appell nethoine qui a ceſte admirable vertu, que la ſon ou elle ſe trouue plantée, eſt touſiours protection & ſauuegarde du Ciel, à labry couuert des pluyes, greſles, & orages, mal infortunes, & aduerſitez. Math. 7.

Pour le regard des Seaux, SIRE, dont auez honnoré Monſieur le Chancellier fu fin de ſes iours, cela eſt prouenu de voſtre naturel qui de ſoy ne peut mettre en oubl eruices ſignallez que l'on vous rend, & ſe

que l'autheur qui m'a contrefaicte mourante soit plustost poussé de frenesie qu'autrement ialoux de ceste faueur. C'estoit vne chose iuste SIRE, de rendre à vn bon seruiteur ce que l'enuye luy auoit autrefois osté, Toutes choses sont à la fin recogneües & ceste mesme fin couronne l'œuure d'vne longue patiēce par vne recompense & vne guerison qui equipolle la douleur.

*Tel parle de Seaux, peut estre,*
*Qui en voudroit estre maistre:*
*Mais son nez n'est pas bien fait*
*Pour fleurer telles affaires,*
*Ce sont deux grands aduersaires*
*Que le faict & le non faict.*

En effect c'est ce Dieu Conse du Royaume, ce grand Pontife de Themis, ce Genie de l'Estat, l'Eliotropium de vostre Soleil-leuant qui vous suit par tout, le Conseil de vostre Majesté, & le Roy de vostre Conseil.

Les autres flambeaux de vostre Conclaue, grād Prince, ce sont vos Conseillers d'Estat, si capables en leurs charges, & tellement admirables en leur fidelité, que ie puis plustost les nommer des demy-dieux, que des hommes? Oüy, demy-dieux, puis qu'Homere voulant exalter la Iustice, Dit que les Rois sont enfans de Iuppiter, à cause de l'office de Iustice qu'ils administrent: C'est vne merueille de voir ceste troupe assemblee, assise sur vos Fleurs-de-lys, receuoir les plaintes des vngs & des autres, donner audiance aux petits comme aux grands, prester l'oreille à la raison, ballancer les contrarietez, peser l'equité, prononcer ouuertement, parler hardi-ment, cõsulter brauement, & opiner sainctemẽt. C'est, dis-ie, vne merueille de voir cette saincte troupe vous seruir de cœur & d'affection, passer les nuicts à l'expedition de vos affaires, & acquerir par leurs labeurs, non seulement vostre amitié qui leur est acquise, mais encore ceste Epithete de Iuges equitables, pour ne point rougir deuant la face de Dieu, non plus qu'ils font deuant les hommes. Ha! SIRE, le plus grand heur que nous puissions auoir, est de voir cõme nous voyons, vous & moy triompher la Iustice en vostre Conseil, & dans vos Parlemens : Car selon que dit S. Augustin au premier liure de la Cité de Dieu : Si l'on oste la Iustice, que seront des Royaumes sinon larcins? Certainement il a raison : car s'il n'y auoit des foüets pour des vagabonds, des carcans pour les blasphemateurs, des amandes pour les pariures, des feux pour les heretiques, des roües pour les homicides, des gibets pour les larrons & les faux tesmoins, la prison pour les seditieux, il y auroit plus de meschans és Republiques & és Royaumes, que de bestail és montagnes.

Entre les loix que Moyse laissa aux Hebrieux, il y a cette article, La sentence des Iuges & Gouuerneurs doit auoir lieu en tout ce qui leur aura semblé bon de juger, sinon qu'on cognoisse manifestement qu'ils ayent esté corrompus par argent, ou par autre moyen, Par lequel on puisse conuaincre ouuertemẽt qu'ils n'ont point droittement iugé : Car il faut iuger sans auoir égard

égard au gain, ny à la dignité, & preferer l'equité à toutes autres choſes : Car telle injure redonde au deshonneur & mépris de Dieu ; comme ſi on le deuoit eſtimer plus foible & moins puiſſant que ceux deſquels on craint la puiſſance, & pour le regard deſquels on donne vne ſentence cornuë, Car la Iuſtice eſt la puiſſance de Dieu : Celuy donc qui ſe monſtre preuaricateur pour acquerir la grace & faueur des plus grands, fait les hommes plus puiſſans & plus forts que Dieu. Que ſi les Iuges ne ſçauent prononcer de la matiere qui leur aura eſté rapportée, comme il aduient ſouuent, qu'ils renuoyent la cauſe entiere en la ſaincte Cité, Et lors que le ſouuerain Sacrificateur auec vn Prophete & les gens de Iuſtice decident ſelon que bon leur ſemblera. Ioſeph lib. 4. ch. 8. des Ant. Iud.

Ces Iuges de la ſaincte Cité, ſont repreſentez, SIRE, par vos Parlemens, & notamment par celuy de Paris, qui iuge ſans corruption quelconque les appellations & les procez qui s'y preſentent : Là dedans, Grand Roy, ie voy ſept Eſcarboucles, qui éblouïſſent les coulpables, & donnent lumiere à l'innocent ; Ie voy vne infinité de Conſeillers que la Vertu & le merite ont appellez en cette Compagnie ſacro-ſaincte : Voſtre Parlemẽt eſt vn autre Cõclaue, où l'on fait électiõ des gens de bien, dont la capacité ne peut eſtre reuoquée en doute : Aſſemblée toute celeſte, qui ne doit rien de reliqua aux Senats du temps paſſé, mais qui ſert de refuge aux plus grands de la terre, qui implorent le ſecours de leur probité judicieuse, Au rapport de Bodin Meth. hist. chap. 6. L'Empereur Frideric II. remit en vostre Parlement de Paris le differend qu'il auoit contre le Pape Innocent IIII. touchant le Royaume de Naples, & s'en rapporta, sur l'éclair de son equité & l'éclat de ses jugemens. Philippes Prince de Tarente obtint Arrest à son profit en ce mesme lieu, contre le Duc de Bourgongne, touchant le rembourcement des fraiz qu'il luy demandoit pour le recouurement de l'Empire de Grece: Les Rois de Castille & l'Vsitanie firent émologuer en ce mesme Parlement les Articles de leur appointement de paix. Finalement, Grand Roy, vos Parlements sont les Colomnes de vostre Estat, les tuteurs de vostre Royaume, les depositaires de vostre Couronne, les fils aisnez des Muses, les Caducees de la Paix, & les Astres d'Astree qui ont tousiours guidé la nef de vostre vnique Monarchie. Et neantmoins nonobstãt toutes ces Epithetes, qui veritablement & justement leur appartiennent, nos Antropophages ne laissent pas de faire glisser des calomnies contr'eux, & le feroient plus ouuertement & passionnémẽt, n'estoit la crainte qu'ils ont de tomber entre leurs mains, où il n'y a point en ce cas là causes de recusations valables: joinct qu'il est dangereux de tomber entre les mains de ses Iuges & de ses parties. Aussi l'Empereur Vespasien ne vouloit point qu'on exhalast la puante odeur des conuices à l'encontre d'eux, ny que la malice jettast le fondement des médisances sur les ruines de la reputation de ceux qu'il auoit destinez pour ruiner & punir les calomnies, Alex. ab Alex. lib. 4. ch. 11.

L'Empereur Auguste cherissoit tellement les Senateurs Romains, que faisãt la cour à sa Cour, il auoit accoustumé de les saluer l'vn apres l'autre par leur nom quand il entroit & sortoit du Senat, sans qu'il permit qu'ils se bougeassent de leurs sieges. En effet vous voyez, SIRE, si ie n'ay pas sujet de prendre la Iustice pour m'aider à Triompher deuant vostre Majesté, puis qu'elle est l'Emperiere de l'Vniuers, la Tutrice des Rois, la Perle des Couronnes, l'intelligence & l'esprit mouuant des Royaumes, l'arcboutant & base fondamentale qui donne le poids, la fermeté, & l'asseurãce aux Monarchies, Et que ceste mesme Iustice est perpetuellement à vos oreilles, dans vostre Conseil d'Estat, & parmy tous vos Parlemens : Il ne reste donc, SIRE, que de prendre la derniere roue de mon Chariot, pour me faire aller en asseurance.

LA FORCE est grandement necessaire, Grand Roy, à celuy qui porte la Couronne sur la teste, & le Sceptre en la main, tant pour la conseruation de ses frontieres, que pour brider les ennemis couuerts & ouuerts de son Royaume. C'est donc vostre Force, SIRE, qui me fait aussi triompher, & qui prend la peine de rouller aujourd'huy mon Char triomphal, auec vostre Misericorde, vostre Amour, & vostre Iustice, par tous les cantons de l'Vniuers : Oüy, ie dis de l'Vniuers; Car mes Courciers ne se contentent pas de faire voir mes magnificences dans l'estenduë de vostre Monarchie, mais aux lieux les plus éloignez, où vos predecesseurs ont planté les Fleurs-de-Lys de leur gloire : Mais voyons auparauant si nous trouuerons en vostre Force les qualitez qui y sont requises & necessaires, à fin que l'on ne croye pas qu'en vous flattant ie me flatte moy mesme, ains que recognoissant la verité de la chose, ie sois aussi recogneuë veritable en mes paroles.

Selon mon jugement, SIRE, ie croy qu'il n'y a que deux principales choses necessaires pour fortifier vn Monarque, maintenir son Royaume en paix, ou pour vaincre les Courõnes estrãgeres : La premiere, l'Vnion de sa Noblesse : Et la seconde, la fidelité au maniement de ses finances : La Noblesse, SIRE, est vostre bras droict, & vos Finances le bras senestre & le nerf de vostre Estat : Pour vostre Noblesse, on ne peut mettre en doute les exploicts de guerre qu'ils ont fait depuis peu, & le desir que vos guerriers ont eu d'acquerir des lauriers, les vns dans le sang de leur mort, & les autres au peril de leur vie. Ie pleure, Grand Roy, la perte de tant de gens de bien, & de valeureux hommes qui ont souffert la mort sans combattre, & qui estoient capables de couronner vostre Couronne de l'Aigle Imperialle ; La larme me vient à l'œil quand ie voy Monsieur du Maine par terre, tué par vn poltron, lors que ie voy couler le sang des sieurs de Termes, de Humieres, de Mata, Zamet, & Senecey, non pas que ie regrette leur mort en mourant pour vostre seruice, mais pour estre morts inopinément par des hazardz, sans voir le front de l'ennemy: Ce n'est point flatter vostre Majesté, puis qu'elle a veu de l'œil la generosité de ces Capitaines, de ces Chefs de guerre, & de ces soldats fatiguez aux sieges de l'annee passee, Que si l'ennemy eust paru en champ de bataille nombre pour nombre, au lieu de se tenir croupy dans la ceinture de ses murailles, & tirer en traistre sur l'vn & puis sur l'autre, on eust veu, SIRE, vostre Noblesse tellement alteree du sang des rebelles, que rien ne se fust opposé à l'execution de leurs armes, ny aux desseins de leur valeur: Vous auez veu & sceu, Grand Roy, comme Monsieur le Prince d'vn costé, & Monsieur le Comte de Soissons de l'autre, se sont portez à l'appuy de vostre authorité, Comme les sieurs de Vendosme, de Guise, de Cheureuse, d'Elbœuf, de Montmorency, de Vitry, & plusieurs autres, ont prodigué de fois & leurs courages, & leurs vies pour triompher de vos ennemis: Vous auez veu, SIRE, combien vos soldats ont fatigué dans les tranchees, & penné par les chemins de l'Isle de Rié, à Royan, de Royan à saincte Foy, de saincte Foy à Negrepelisse, de Negrepelisse à S. Anthonin, de sainct Anthonin à Thoulouze, de Thoulouze à Lunel, de Lunel à Montpellier, & en plusieurs autres petits sieges, le tout pour vous seruir: Tellement que ie puis dire que vos Gentils-hommes sont les membres dont vous estes le Chef, qui ont fait leur deuoir en vos commandemens, & qui sont prests de le faire plus que jamais.

Tous les Seigneurs de vostre Cour, SIRE, & mesme de toute vostre Monarchie sont semblables aux mousches à miel lesquelles, selon D. Ambr. Hexan. lib. 5. ch. 21. ont vn Roy qu'ils portent des aisles de l'amour iusques au Ciel de la gloire, employent leur industrie à le seruir, leur soin à luy complaire, leur diligence à le garder, leur miel à l'adoucir, leur bourdonnement à l'animer, & leur aiguillon (duquel il est seul Priué) à combattre courageusement pour luy, & les abeilles qui ne fleschissent point soubs l'obeyssance de leur Roy, se font mourir de leur propre aiguillon, Aussi pour recompése de leur fidelité, vous les honnorez des plus beaux tiltres de vostre Royaume, reduisant les Baronnies en Marquisats, les Marquisats en Comtez, les Comtez en Duchez, ou leur donnant des charges de Mareschaux de France, moyens tres-pertinens de les mettre plus qu'en leur debuoir.

*C'est vn plaisir de seruir vn bon Prince*
*Les seruiteurs le seruent hardiment*
*Chacun s'efforce à rendre sa Prouince*
*Comme vn jardin de tout contentement.*

C'est donc, SIRE, l'vnion de vostre Noblesse & sa fidelité qui est l'vne des deux choses principalles de vostre force auec laquelle ie triomphe. Reste à voir maintenant la seconde qui est la fidelité du maniement de vos deniers & le bon mesnage de voz Financiers,

Il est bien difficile d'ombrager vne verité de quelque traict d'excuse; mais il est plus diffici encore de courir vn mal cogneu par vn bien incogneu; Ie ne sçay, SIRE, cõment ie pourray parler de vos Financiers & de la prodigalité de voz Finances puisque chacun crie apres eux cõme apres des preneurs sans sçauoir l'origine de leurs prinses, Quelquefois le mescontentement d'vn Seigneur ou de quelque autre qui veut de l'argent à point nommé cause la disgrace d'vn Financier, Quelquefois leurs ennemis particuliers leur font ceste faueur que de ioüer comme à la plotte de leur reputation, de tout temps on leur en a voulu, soit à bõd soit à vollée, Et si ceux qui medisent d'eux estoient en leur place, ils seroient possible bien estonnez comme ils se peuuent sauuer des frais ordinaires & extraordinaires de leurs charges; Beaucoup achepter vn office, Auoir quantité de Commis, Entretenir le train selon sa qualité, Respondre des deniers que l'on luy baille, Rẽdre compte de sa recepte iusques au vn dernier denier, Auoir l'œil à ce qu'il desbource, Sõt assez d'allumettes pour resueiller les beaux esprits, Ce n'est pas pourtant pour les excuser, grand Roy, car il est plus que raisonnable qu'vn Maistre sçache si la despence de sa maison excede la recepte de son reuenu, Il est dis-je raisonnable, SIRE, que vos Financiers rendent compte du fait de leurs charges & du maniement de vos deniers, mais ie croy que vostre Chambre des Comptes est assés surueillãte pour leur faire apporter tout ce qui est de necessaire pour la reddition de leurs comptes, verification de leurs acquits, calcul & closture d'iceux, & voir enfin si tout va bien.

Mais, SIRE, posé le cas qu'ils soient riches en leurs charges par des voyes obliques, & qu'ils esleuent la marmitte de leurs maisons aussi haute que celles des Seigneurs que deuiendront ses richesses sinon que comme elles sont venuës de vous, en vostre bras gauche elles retourneront en vostre bras droit. Ie vous ay desia representé grand Roy, que vostre bras droit estoit la Noblesse, & le bras gauche vos finances ou voz Financiers. Or est-il que tous les Financiers marient leurs filles les vnes à des Barons, les autres à des Marquis, & les autres à des Comtes qui ne bougent de vostre Cour y prodiguent honnestement leur reuenu particulier & celuy de leurs femmes; Et partant vostre Noblesse hérite d'vne partie de vos finances qui se dissipent à vostre seruice. Ils seroient plus blasmables de faire des alliances auec des Marchands qui sont perpetuellement sedentaires & qui ne se plaisent qu'à faire amas sur amas, à compter leurs pistolles soir & matin ou prester leurs deniers à cent pour cent, que non-pas à vostre noblesse qui n'a iamais apris à l'Academie la routine du change, mais qui liberalle rend à la Cour de Cesar ce qui auoit esté distrait de Cesar.

C'est trop abuser de vostre patience, SIRE, de m'estre tant estenduë sur voz Financiers, mais pour y conclure, Ie dis qu'à la verité les Finances sont le nerf de l'Estat, car sans argent point de Soldats, chacun est froid comme la glace, le courage est abbattu, la generosité est enseuelie les magazins sont enfermez, les viures ont des corps aux pieds, la poudre est mouillée quand il est necessaire de donner, le Tambour est creué, la Trõpette sonne la retraicte au lieu de la charge, le Marchand ferme sa boutique, & le Viuandier ne se cognoist point à prester iusques à la monstre : Mais les coffres sont-ils ouuerts, la finance ne paroist sitost, que l'on voit les moustaches des Capitaines menasser le Ciel, les Soldats à la fripperie, chacun est chaud comme le feu; les rodomontades prennent naissance, les dementys sont points d'honneur, le courage s'enfle, la generosité paroist, les magazins sont ouuerts, les viures viennent à point nommé, la poudre du Soldat est aussi seiche que son mousquet, le Tambour bat en yurongnant, & la Trompette sonne en bouffonnant, les Marchands ouurent leurs boutiques de toutes parts, Et les Viuãdiers ne reffusent point de credit, Tant y a que la finance fait jouër tous les ressorts de l'entendement humain, & qui est bien payé est obligé de seruir fidellement.

Ce fut ceste seulle necessité d'argent, SIRE, qui fut cause de la perte de la bataille de Pauie contre Charles le Quint & la prise sanglãte & deplorable du grand Roy François pour n'auoir pas dequoy satisfaire aux monstres deuës aux Suisses, qui tournerent casaque au fort de la bataille au preiudice de leur promesse, Or est il que nos Antrophages me pourront dire que puis que vos finances qui sont vn des seconds poincts de vostre force manquent aujourd'huy & qu'il n'y

a rien dans vos coffres, que mon Triomphe
imparfaict en ce que les deux poincts que
proposez pour vostre force ne sont parfaits
decidez, Mais à cela ie responds & concluds to
ensemble que vostre Monarchie est plus ric
en or & en argent qu'elle ne fut iamais, & qu
n'y a pas vn François qui n'expose & ses bie
& sa vie à vostre seruice, & notamment en
necessité des affaires de vostre Estat? Appro
chez de moy, SIRE, & vous trouuerez qu
porte en mon sein de plus belles richesses q
les cailloux precieux des ondes Arabesqu
que les forests d'Entidor, que les mineraux d'O
phir, que les Odeurs de Sabee, ny que les Tho
sons de Tyr: Ie n'emprunte rien des estrang
que des senteurs & des odeurs dont ie me p
passer, mon corps est vn corps ramassé & si bi
joinct & vny, que si l'on attaquoit vn de
membres, tous les autres s'en ressentiroient,
partant ie me puis vanter d'estre,

*La perle de tout le monde,*
*En richesse & en beauté;*
*Et qui n'a point de seconde,*
*Quelque part qu'on ait esté.*

C'est le dernier poinct, SIRE, que j'auo
vuider pour monstrer vostre Force, & laque
parfaict le Char de mon Triomphe: Tellem
que ie puis en toute seureté aller de toutes par
puis que ie suis portee des æsles de vostre Mi
sericorde, du brandon de vostre Amour, des
lances de vostre Iustice, & de la Force de vo
Force: Mais, SIRE, ce n'est pas assez, Voyez

l'œil de vostre ame les quatre Courciers ou plustost des Déesses, qui me font cet honneur de tirer mon Chariot deuant vostre Majesté, comme les Cheuaux de Phœbus trainent le sien sur la voye Eclyptique : La premiere de ces Déesses est la Paix, la seconde l'Eloquence, la troisiesme la Fortune, & la quatriesme la Renommee.

La Paix, Grand Roy, m'a tellement aimee de tout temps, qu'elle n'a jamais abandõné le Louure de ma gloire, que par la force & la violence des mutins & des seditieux, qui ont fait enfanter des guerres ciuiles en mes entrailles pour troubler mon repos, s'efforçans de me faire troquer de nom, & changer l'Escusson de mes armes: Que si son amitié n'eust paruë en mon endroit, & qu'elle ne m'eust gratifiée de la beauté de sa presence, ie ne serois plus Françoise, la beauté de mes parterres seroit flétrie, mon Soleil leuant seroit en son couchant, mon jour seroit remply de tenebres, ma face seroit toute basanee, & mon frõt ridé de telle façon que ie serois mécognoissable de mes nourriçons mesmes.

C'est la Paix, SIRE, qui me rend toute belle & toute pompeuse : C'est-elle qui tapisse les chemins, où ie passe, de drap d'or & de soye, & qui couure les carreaux de mes entrees des plus belles fleurs que la nature ait produict : C'est-elle, Grand Roy, qui apres auoir recogneu la verité de vostre Misericorde, l'effect de vostre Amour, le poids de vostre Iustice, la Colomne de vostre Force, vient ombrager vostre chef Royal des lauriers de Mars & de Bellonne : C'est-elle qui

toute riche & toute belle , embellist & enrich
les Prouinces de vostre Monarchie, Qui pro
güe, Liberalle, mille sortes de plaisirs & de co
tentemens, qui ballade parmy les Ballets, qui
stine dans les Festins , qui chante dans les Co
certs, qui fait fleurir les Lettres, & qui triomp
dans les Triomphes.

Il n'y a contentement semblable à cel
que la Paix apporte dans les Royaumes: C'est
le qui r'amene l'antique siecle d'Or, qui fait
les champs, qui fait réjouïr les Laboureurs, q
sert d'vnique espoir aux bons, & de juste eff
aux méchans : C'est ceste saincte fille du C
qui réunit les cœurs de la Noblesse, remet le t
ficq sur pied, fait fleurir la Iustice, & les Loix
soupit les querelles, rebastit les lieux ruinez, re
plit les Citez d'artisans les plaines de village
les costaux de bergers , & les vallons de best
Bref elle est Mere de joye & de repos, qui éte
les feux les plus embrasez, qui appaise les temp
stes, qui accoise les orages , & qui ferme tou
mét la porte du Temple de Ianus qui est ouu
te durant la guerre: C'est elle, SIRE, qui porte
le front les Epithetes de Tutrice des Arts, No
rice des Muses, la Colomne des Loix , la Pe
des Couronnes, le Sceptre des Rois, le Ciel
Empires, l'Ame qui donne la vie aux plus fle
rissantes Monarchies ; Paix, le Ciel de la gra
deur, la grandeur de la gloire, la gloire du trio
phe, le triomphe du desir , le desir du repos
repos de la fœlicité, & la fœlicité de tout bien
qui porte à la main le Caducée de Mercure.

C'est-elle, Grand Roy, qui deuance le Char Pompeux de mon Triomphe, desireuse de regner auec vous comme elle regne dans le Ciel; le sang luy est effroyable, les combats l'épouuantent, les assauts luy déplaisent, les armes luy font peur, les Canons la rendent pâmee, & les cris des vaincus l'étonnent de telle sorte, qu'elle se retire au Ciel pour se cacher des hommes: Entre les capitulations de Paix qui furent concluds pour Porsene Roy de Toscane & les Romains, fut arresté par exprés, Que les vns ny les autres ne se seruiroient doresnauant d'instrumens nuisibles du fer, que pour en combattre les necessitez de la vie, en l'appliquant seulement au labourage de la terre. Dieu vueille, SIRE, que telle capitulation se face & s'execute doresnauant parmy vos subjets, afin que ceste saincte Déesse qui vient aujourd'huy me tenir cõpagnie, ait moyen d'auoir son siege en vostre Louure, & voix deliberatiue en vos Parlemens, & que le reste de l'Vniuers voyant vostre Monarchie tranquille, contre l'opinion des ennemis de vostre Estat, puisse dire assurément:

*Puis que la Paix est en France,*
*Et qu'elle n'a plus de loups,*
*Nous verrons bien tost chez nous*
*Vn changement d'ordonnance.*

La seconde Deesse qui me fait l'honneur de m'assister est L'eloquence, SIRE, laquelle a tousiours esté la bien-venuë chez moy & la mieux receuë parmy voz François. On ne voit maintenant autre chose que des Predicateurs de la bouche desquels sortent des fleuues de bien dire & des torrés d'éloquence. Dans les barreaux de voz Cours Souueraines, on ne voit autre chose que des langues dicertes qui rauissent les esprits des auditeurs, & chastoüillent les oreilles des plus releuez. L'éloquence, grand Roy, vient aujourd'huy se presenter à vostre Majesté puisqu'elle trouue place dans vostre cabinet & par tous les cantons de vostre Estat, c'est vne Deesse qui a beaucoup de pouuoir sur ceux qui ont la cognoissance de ses perfectiōs & de ses faueurs. Heuxin Philosophe par son éloquence obtint la paix entre les Lacedemoniens qui estoient ses compatriotes & les Atheniens, quoy que les Lacedemoniens eussent esté desconfis. Iules Cesar n'ayant encore que 16. ans fist à la mort d'vne sienne tante appellée Cornelie vne Oraison, en laquelle il fit paroistre vne si belle éloquence qui estoit en luy, que le peuple Romain des ce iour là; Iugea qu'il debuoit estre vn iour vn grād Capitaine. Le plaidoyé d'vn jeune homme incognu qui plaida deuant le Legat du Page en la salle de l'Eueſché de paris en faueur de Gelberge sœur du Roy de Dannemarck, & femme du Roy Philippes Auguste, laquelle il vouloit repudier, fut si éloquent que le Roy reprit sa femme.

Autrefois Mercure auoit vn differend auec Mars, pour sçauoir qui auoit plus d'auctorité de la prouesse ou de l'éloquence, Iuppiter ne les voulant iuger leur dit que celuy qui auec ses armes ou auec son langage feroit vn plus grand effect seroit preferable à l'autre, mais l'éloquence de Mercure Triomphant par ses persuasions d'Argus & de ses yeux, enleuant Io sur le mont Pelion, où Iupiter la receust, Triompha par mesme moyen de Mars, qui ne pust vaincre la Chimere qui gardoit Leucothoee, quoy qu'il luy couppa jusques à 150. testes. L'eloquence d'Vlysses eust vne telle prerogatiue sur le plaidoyé d'Ajax, que les Grecs luy accorderent les armes d'Achilles disputees entr'eux. La tragedie d'Antigone faite par Sophocle, eust vn tel pouuoir sur le peuple d'Athenes deuant lequel elle auoit esté representee, que l'on luy dōna pour recompense le gouuernement de Samos: Ciceron par son eloquence charmoit & flattoit tellement les beaux esprits du Senat, qu'il emportoit à son aduantage toutes les causes qu'il plaidoit.

Aussi nos anciens Gaulois, pour monstrer la force indomptable de l'eloquence Françoise, & comme ils sembloient estre nez soubs l'influence du Planette Mercure, ont feint vn Hercules François qui auoit en la bouche plusieurs chaisnes d'or & de cuiure, dont il attiroit les hommes apres soy, en leur tirāt insensiblement le cœur & l'ame par les oreilles: Et par consequent, SIRE, c'est auec sujet que l'Eloquence Celeste paroist en mon Triomphe, puis que tant d'esprits eloquens de Iesuites, Minimes, & Capucins, ont succé le miel de ses douceurs pour rauir les ames en la Cité de Dieu, Et que tant d'aures personnes bien disans & elegās, tant au Barreau qu'ailleurs, cueillent dans le parterre de ceste Déesse les Marguerites, les fleurs & les fruicts de ses faueurs, pour eux en seruir en toutes occurrences: Tellement qu'il m'est permis de dire, que

*L'Eloquence a juste raison*
*De s'allier auec la Paix,*
*Puis que le Louure est sa maison,*
*Et son Trosne dans les Palais.*

Encore que le dire d'Aristote se trouue bien souuent veritable:

*Vbi multum de Intellectu, ibi parum de fortuna.*

La troisiesme diuinité qui sert de guide à mon Carrosse est la FORTVNE, non pas semblable à celle que Marc Aurelle dépeint en la lettre qu'il escrit à Mercure habitãt de Samie, laquelle abbat les murs hauts esleuez, deffend les masures, peuple les deserts inhabitables, depeuple les Citez peuplees, qui fait les ennemis amis, & les amis ennemis, qui vainc les victorieux, qui fait des traistres les fidelles, & des fidelles les soupçonneux, qui reuolte les Royaumes, rompt les exercites, abbat les Rois, esleue les Tyrans, donne vie aux morts, & enterre les vifs: Mais vne Fortune semblable à celle dont parle Pausanias, qui vit vne effigie de la Fortune qui tenoit entre ses bras Plutus fils de Cerés & de Iasius en âge de petit enfant; Par ce que la Fortune est celle qui a tous les biens & richesses en son maniment & disposition: Cette Fortune qui m'accompagne, SIRE, est celle qui a conduit vostre generosité dans les tranchees, & qui vous a fait triompher des hõmes & des Citez rebelles: C'est celle qui vous fut representee en figure à Castelnaudary, &

ry, & laquelle vous teniez par les cheueux à vostre auantage, C'est celle dont le pourtraict fu fait à Carrassonne Labasse; qui ayant le vant en pouppe vous tenoit par la main, C'est vne fortune qui s'est engagée de ne vous abandonner iamais, & qui s'est obligée dans le Ciel de conseruer vostre personne sacrée contre toutes sortes de maladies, & vostre Estat contre la fureur de ses ennemis Antropophages.

La fortune aucune fois se trouue prosperé enuers aucuns, & neantmoins ne dure pas longtemps, Celle de Iulle Cesar ne dura qu'vn an, Celle d'Alexandre quatre ans, Celle du grand Amilcar Roy de Carthage deux ans, Celle de Label Roy des Lacedemoniens cinq ans, Celle du Roy des Caldeens quatre ans, Celle de Semiramix six ans, & ainsi de plusieurs autres, Mais? la vostre, Grand Roy, sera non seullement semblable à celle de Bellus Roy des Assiriens qui dura soixante ans, ains des siecles entiers, elle ne bougera de voz costez pour seruir d'auant-courriere à tout ce qui suruiendra & se presentera hors & dedans vostre Royaume? C'est-elle, Sire, qui vous veut rendre semblable à la grande & petite Ioubarbe herbe que les Grecs appellent Aizoon, & les Latins Semperuiuum, dont l'eternelle verdeur ne peut estre fanée ny flestrie parmy les aspres froidures & glaces de l'hiuer, & dont la vertu resiste aux traicts poinctuz & enuenimez de la mort; C'est elle, Grand Prince, qui veut vous parangonner à vne fleur qui croist en Arabie, appellee Aglaophotis, digne d'estre admiree tout le monde, pour raison de sa haute coul & parfaite beauté, Plin. lib. 24. cap. 17. C'est-e le qui rend vostre Majesté lumineuse & splend de, comme le Sardius pierre precieuse, qui cha se toute sorte de crainte, & apporte la joye & l'asseurance, & qui étouffe le pouuoir de la pie re Onix, qui a la vertu d'exciter toutes sortes d noises & de contentions : C'est cette Fortun SIRE, qui rendit le Capitaine Miltiades vai queur de cent mille Perses à la iournee de Ma thon : C'est-elle qui conduit le bras de Ma Marcel, qui auec cinq cens des siens attaqua & deffit le Roy des Gaulois, Insubres, à prese Milannois, qui estoit accompagné de dix mille soldats: C'est-elle qui a cõduit la victoire d'Ha nibal contre les deux Scipions, & de la perte to talle des Sagontins & de leur Cité : C'est-elle qui rendit le mesme Hannibal vainqueur de la bataille de Cannes, donnee en la seconde guer re Punique, qui fut entre Rome & Carthage, où Paul Emille Consul fut tué, Publ. Varron au tre Consul vaincu, & où moururent trente Se nateurs, trois cens Officiers du Senat, quarante mille hommes de pied, & trois mille de cheual du costé Romain: C'est-elle qui sous l'Empereur Baudouyn (Selon Alain Chartier) fist deffaire quarante mille Tartares par quatre cens lances de la Croisade ; Et par elle le sieur de Bueil, Fran çois, auec quarante des siens deffit quinze cens Anglois: C'est-elle qui guida Merouee III Roy de vostre Monarchie, à la deffaite des Huns, où il mourut 180000. ennemis, Et qui fut cause de la mort de 370000. Sarrasins, qui furent tuez en vne bataille prés de Tours, que rendit Charles surnommé Martel, sans perte que de 1500. des siens : C'est-elle qui fist entrer Charlemagne pompeusement à Rome, où il fut esleu Patrice, par le Pape Leon III. & Couronné Empereur d'Occident, pendāt que Nicephore l'estoit d'Orient : Ce fust-elle qui rendit Philippes Auguste en l'an 1215. vainqueur de la bataille cōtre l'Empereur Otho, & Iean son nepueu Roy d'Angleterre, en la iournee de Bouines, où il triompha des enseignes de l'Aigle Imperialle, prist prisonniers Ferrand Comte de Flandres, & Regnauld Comte de Boulongne qu'il mena en triomphe à Paris, où il fist vne magnifique entree, les tirant enchaisnez à des lictieres, & puis les condamna en prison perpetuelle, Regnauld à Peronne, & Ferrand au Chasteau du Louure, Et par Arrest du Parlement de Paris la Flandre fust cōfisquee au Roy, qui l'a redonna à Ieanne heritiere de ladite Comté, & non coulpable de la faute de son mary.

La Fortune, SIRE, qui promet de vous accompagner eternellement, vous promet aussi, Grand Roy, de vous faire porter le tiltre de LVDOVICVS MAGNVS, Epithete qui vous est toute acquise, puis que l'heur & le courage vous rendent semblable à Alexandre, qui fut surnommé le Grand, parce que si son cœur a esté grād és choses qu'il entreprenoit, son courage a esté plus grand és Citez & Royaumes qu'il donnoit.

Pompee fut appellé Grand, à cause qu'il se
vainqueur de vingt-deux Royaumes, & l
autresfois trouué accompagné de vingt-cinq
Rois. C'est cette mesme Fortune, SIRE, qui
conduit le bras genereux, & le droict des arm
du Roy deffunct vostre pere (que Dieu absolue
cõtre les Hydres & les Sangsues de vostre Mo
narchie, qui auoient presque succé tout le san
de mon corps, Et qui luy a fait porter sur le ch
cét Epithete de Grand : Finalement, grand Prin
ce, ceste Fortune que vostre Majesté voit main
tenant, est celle qui desire que vous portiez le
loüanges que l'on attribue à Dauid, puis que de
le Ciel vous a fait possesseur d'vne bonne part
de ses Epithetes.

S'il y eust jamais homme fort & magnanim
Dauid l'a esté, & s'il y auoit quelque bataille
donner pour le bien de ses sujets, il se jettoit
premier dedans le fort des ennemis, s'expos
aux dangers, & incitoit les gens de guerre
son exemple à faire des actes genereux : Il esto
grandement prudent en conseil, & sçauoit bi
ce qui estoit expedient tant pour le present q
pour l'aduenir, Il estoit sobre, doux, & benin e
uers les miserables, vsant de grande humani
en exerçant Iustice, qui sont les principales V
tus que les Rois doiuent souhaitter ; Vertus
qualitez que vous possedez, Grand Prince, &
dont on ne peut ignorer, veu qu'vn chacun les
voit oculairement : Tellement que ie puis dire
vostre regne heureux, puis que la Fortune des
Fortunes vous est si fauorable, & qu'elle me fa

cét honneur d'accompagner mon Triomphe deuant vostre Grandeur toute Royalle:

*Veu que la Fortune*, SIRE,
*Vous prodigue sa faueur*,
*Ie voy bien que vostre Empire*
*Veut étendre sa grandeur.*

LA RENOMMEE est la quatriesme Déesse, qui sous l'authorité de vostre Majesté, honore le Char de mon Triomphe de sa presence, àfin de publier du Pole Arctique à l'Antarctique la grandeur de ma gloire, & la gloire de vostre Grandeur; C'est vne fille du Ciel, veritable en ses paroles, qui n'a rien de plus à cœur que le mensonge: Elle est tousiours preste de voller du Soleil leuant au couchant pour annoncer l'estat de ma santé toute pompeuse, & les actes genereux de vostre generosité Royalle; Elle étalle déja ses æsles pour faire sçauoir aux quatre parties du monde que ie n'ay besoin d'aucuns de leurs remedes pour paroistre telle que ie suis, & montrer que la puissance de vostre Majesté m'éleue sur le Trosne d'vn honneur nompareil: Elle a assez de langues pour se deffendre cõtre celles des dæmons, qui veulent cacher ma beauté d'vn masque trompeur, & contre la calomnie de nos Antropophages, ennemis de l'Estat & de la gloire d'autruy, qui ne pouuans rien faire en ma personne, vômissent contre mes plus chers nourriçons le venin de leur rage par des écrits insupportables. Cette Déesse, SIRE, ne se cognoist point à grauer sur le burin de l'eternité ceux dont l'ame est double, & le cœur my-party:

mais ceux dont l'ame est simple , & qui à cœur ouuert prefere la vertu à toute sorte de vice, la misericorde à la rigueur, l'amour à l'inimitié, la justice à l'injustice, la liberalité à l'auarice, la paix à la guerre, l'éloquence à l'ignorance; le courage à la coüardise, la loüange à la médisance, la verité au mensonge, le bien au mal, la fidelité à la trahison, le pardon à l'injure, la bonté à la perfidie, & qui sans fixion porte en soy l'effect & le nom d'homme de bien? C'est-elle qui inmatricule dans les cahiers de ses histoires, le regne des Roys, la valeur des Capitaines; l'vnion des gens de guerre; la fidelité des subjects, & la prudence des gens d'Estat. C'est elle, SIRE, qui empesche que le temps, & le roüille n'efface les lettres burinées au temple de memoire en faueur de voz predecesseurs, qui ont anté les lauriers de leur magnanimité iusques dedans l'Egypte: Et c'est-elle aussi qui d'vn burin d'or commence à trauailler pour vous dans le mesme Temple, afin de vous rendre admirable à la posterité.

C'est cette Renommee, grand Monarque, qui fait rejaillir le los de vostre Magnanimité du Canal de l'Helesponte en la mer Propontide, & du Bosphore Cimmerien au Bosphore de Thrace: C'est-elle, SIRE, qui donna sujet aux Turcs peu de temps apres vostre Baptesme, de fueilleter leur Alcoran, dõt l'interpretation vous donne de la gloire , & à eux de la confusion. Sans cette Renommee les exploicts des genereux Princes de la terre seroiēt enseuelis, les proüesses des Soldats de fortune incogneuës, & la memorre des hommes Illustres perduë. Lors que le Renom d'vn homme de bien vôle, chacun s'efforce à l'imiter ou surpasser, pour acquerir la loüange que ses vertus luy ont acquise : C'est elle aussi, grand Roy, qui s'oppose pour moy aux faux bruits que les dæmons font courir de ma maladie, & qui prend le fait & cause des personnes vertueuses & inimitables en merites, cõtre ceux qui en écriuent insolemment & impertinẽment. Pensez-vous, ô plumes temeraires, pouuoir effacer par l'ancre de vos passions, le renom de ceux que cette Renommee a fait entendre par le reste du monde ? Croyez-vous que vostre papier aye l'authorité de mettre au tõbeau la prudence de Nestor, & l'amitié incomparable d'Alexãdre enuers Ephestion, & l'vnique amour d'Achilles enuers son Patrocle? Auez-vous opinion que vos lignes plus tortuës que droites, puissent faire fener les roses qui sõt en leur boutõ? Ha! non, la verité plus forte que la malice du temps, portee des æsles claires-voyantes de nostre Renommee, fera voir à l'œil que vous estes des mâtins qui jappent contre leur ombre, & des Antropophages qui s'entre-mangẽt les vns apres les autres; C'est pourquoy cette fille du Ciel chante souuent.

*La médisance & l'enuie,*
*Quoy que filles de malheur,*
*Ne sçauroient oster l'honneur*
*A qui, mene bonne vie.*

Voila, Sire, la quatriesme Deesse qui sert de courciere à la conduitte de mon chariot, & qui fait la huictiesme, de celles qui ont quitté le Ciel expres pour me faire Triompher deuant vostre Majesté; Et ceste mesme renommée a fait assembler toutes ses autres Deesses celestes, & Nymphes de la terre, que vous voyez à l'entour de moy pour honnorer mon Triomphe; Et mener publiquement captifs tous les ennemis de vostre repos & du mien; Ne vous estonnez, SIRE de voir ses filles du Ciel en si grand nombre, & en si bel equipage, puis que toutes sont venues pour m'acompagner, & remercier vostre Majesté de ce que vous les faites Triompher comme moy de leurs ennemis particuliers, Si elles n'auoient esté cy-deuant bien receuës en vostre Cour & parmy vos subjects, elles ne paroistroiét pas de la sorte, mais l'obligation qu'elles vous ont de les restablir en leurs sieges; leur fait concerter ce couplet.

*Le discord nous auoit bannies*
*De la demeure des François,*
*Mais les Guerres ores finies;*
*Nous reuenons vne autre fois.*

La trouppe qui déuance mon chariot, Grand ROY, sont les Neuf muses du Parnasse códuictes par Apollon, dont les diuerses chansons font rire l'air & charment mes oreilles. Phœbus dissippe de son œil les tenebres & les ombrages de la voye ærée & de la terre; pour faire place au iour de ma magnificence, Ses rayons chassent le venain de la calomnie àfin que rien n'empesche la beauté de ma gloire. Clio trace mon histoire, Euterpe ioüe de ses fluttes, Thalia la monstre la beauté de ses plantes; Melpomene

entonne

…mpone ſes chanſons, Therpſicore fait merueille …danee, Erato compoſe ſes ballets, Polymnie …griculture, Vrannie la ſtrologie, & Calliope …voit ſes ſœurs concerter leurs voix, compoſe …s vers pour les animer, & encourager voſtre …uſique Royalle de reſpondre à leur tour, afin …e chacun participe à ma joye.

*Nous ſommes ſœurs du Parnaſſe*
*Qui laiſſons noſtre ſejour*
*Pour voir de Louys la face*
*Et les traicts de ſon amour.*

*Nous auons de bons memoirs*
*Pour eterniſer ſon los*
*Et les fruicts de ſes Victoires*
*Mettent la France en repos.*

*L'Enfer ne ſçauroit rien faire*
*Contre le ſceptre François*
*Puis-que le Ciel debonnaire*
*Prend la cauſe de ſes Roys.*

*Sus à gorge deſployée*
*Qu'vn chacun chante auec nous*
*Que la France bien-aymée*
*Triomphe aujourd'huy des loups.*

Apres elles, SIRE, cheminent les trois graces …glaye, Euphroſine, & Thalie filles de Iuppiter …x d'Eurymone, qui à l'enuy l'vne de l'autre …onſtrent à face deſcouuerte les traicts d'vne beauté surnaturelle, les rayons de leurs œillades sont autant de flambeaux qui bruslent le cœur de ceux qui les regardent, leurs attraicts sont filets, ou se precipitent les pauures amoureux leur sein plus blanc que l'albastre, rauit les esprits des hõmes, leur cheueux my-dorez qu'un Zephir fait voltiger sur leurs espaules sont autant de chaisnes qui captiuent les amours Sainctes, leur port & la grauité de leurs pas joincts à leur beauté, conjurent les Dames vertueuses de vostre Cour d'accorder leur voix à la leur pour entonner apres le fredon des muses, ce que Minerue leur a dicté.

*Venez beautez Angeliques*
*Plus belles que les Attiques,*
*Ioindre voz voix à nos sons.*
*Triomphez en apparence*
*Ainsi que faict vostre France.*
*Qui se rit de nos chansons.*

*Venez genereuses d'ames,*
*Qui portez au frond les flammes*
*D'vn discret & sainct amour,*
*Coller vos faces aux nostres.*
*Et puis nos graces aux vostres.*
*Puis-que nous sommes en Cour.*

*Voz sagesses nom-pareilles*
*Qui viennent à nos oreilles*
*Comme par tout l'Vniuers?*
*Nous ont ceste fois contrainctes.*

*De vous donner ses attaintes*
*Et de vous offrir ces vers.*

Au costé droit de mon Chariot, vous voyez, Sire, plusieurs autres Déesses triompher de leurs rebelles; Entre-autres celle qui marche la premiere, est l'Humilité, Laquelle selon S. Bernard, Epist. 4. est plus necessaire que toutes autres vertus: Car sans elle toutes les autres ne sont point vertus; Et quelque vertu que Dieu donne à la persõne, soit Charité ou autre, l'Humilité en est cause: Parce qu'au rapport de S. Iacques 4. Elle donne grace aux personnes humbles, & garde les autres vertus en l'ame: Et le S. Esprit, au dire d'Esaye, 66. ne se repose que sur l'humble & paisible, En fin elle consomme & mene à perfection toutes autres vertus: Cette Humilité, grand Roy, est accompagnee d'vne infinité de sainctes ames, qui par leur Humilité ont acquis le Ciel, & tiennent en leurs mains les chaisnes où sont liees la Superbe & ses filles, qui sont la Presomption, la Vaine-gloire, la Contention, la Vanité, l'Arrogance, la Rebellion, la Liberté de faire tout, & d'autres filles de leur nature, dont je triomphe aujourd'huy auec l'Humilité & sa trouppe, qui vont chantant ce que saincte Clotilde, femme de Clouis leur a composé,

*Les orgueilleux & l'arrogance*
*Qui vouloient écheller les Cieux,*
*Pensoient triompher de la France:*
*Mais pourtant nous triomphons d'eux.*

La Foy, l'Esperance, & la Charité sont trois autres Déesses qui vont aprés, suiuies d'vn nombre infiny de Creatures blanches comme l'a[...]stre, qui se sont de leur viuant enroollees sous enseignes de ces trois Princesses , qui pou[r] compense de leur sainctetè , menent en trio[m]phe l'Idolatrie, le Desespoir, & l'Auarice : L'A[-]uarice vestuë de glu, armee de crampons , q[ui] trauerse les détroits sans ponts & sans vaisse[aux] Monstre qui est sans foy, sans amitié & sans [res]pect; qui nuit à ses voisins, met la main par t[out] Est pauure au milieu des biés, ainsi qu'vn Ta[nta]le, beste farouche qui croist plus croist sa ric[hes]se, Et qui nombre non ce qu'elle a , mais ce [qui] luy deffaut.

C'est pourquoy ces Déesses en leur trou[pe] entonnent dans l'air ce petit quatrain, écri[t à] Antigone :

*L'Idolatrie & l'Auarice,*
*Qui sont joinctes au Desespair,*
*Croyoient auoir sur nous pouuoir,*
*Comme nous auons sur leur vice.*

La Chasteté enuironnee d'vne lumiere [plus] brillante que les autres, va son petit pas, auec [sa] trouppe de filles Vierges & de braues Da[mes] Chastes, qui ont estudié les leçós de ceste D[ees]se ; Et qui mene en captiuité la Luxure & [ses fil]les, qui sont l'Adultere, la Fornication, l'In[ceste,] le Rauissement , le vice contre Nature , l'Au[eu]glement de l'esprit, l'Inconsideration, la Pr[ecipi]tation, l'Incóstance, la haine de Dieu, l'affe[ction] du present siecle , & le desespoir du siecle fu[tur.] Ce qui encourage de telle sorte cette sain[cte c]ompagnie, que mariant leurs voix à leurs[...]

elles fredonnent ce sixain, que Virginie & Lucresse ont ensemblément fait.

*Il n'est que d'auoir courage,*
*De resister à l'effort*
*D'vn amour, dont le seruage*
*Cause bien souuent la mort,*
*Et rien au monde n'égalle*
*Vne beauté virginalle.*

La Concorde, Grand Roy, est vne autre diuinité sur celeste, que vous pouuez voir cheminer des yeux de vostre amour, ayant à ses costez vne pepiniere d'autre filles du Ciel qui traisnent de force, La guerre & ses filles à sçauoir le desordre; l'effroy, le desespoir, la fuitte, l'embrasement, l'impieté, la rage, le discord, le sac, l'impunité, la cruauté, l'horreur, le degast, la ruyne, le dueil, la solitude, la pauureté, & vne infinité d'autres filles perfides qui dõnent à leur mere les Epithetes de sauuegarde des meschants, Ennemie des gens de bien, Mort du tiers Estat, Ruyne des Prouinces, Peste qui entretient le siecle de fer, & le monde de boüe, Furie des Enfers dont la voix est vn tonnerre, sa bouche vn brazier, chaque doigt est vn Canon, & chaque œillade vn esclair flamboyant; Tant y a que la guerre est celle qui casse les loix, & les mœurs, qui raze les Forts & les Citez, verse sang, brule hostels, ayme pleurs, & qui porte sur elle mille autres Epithetes cruelles. C'est pourquoy la cõcorde auiourd'huy en Triomphant auec moy chante hardiment ces vers que Minerue luy a baillez en ma faueur.

*On ne verra plus sur la terre*
*Regner les filles de la guerre.*
*Puis-que le Ciel ne le veut pas?*
*Iuppin a fait vne ordonnance*
*Par laquelle il veut que la France*
*Ne soit plus sujette au trespas.*

La patience, Grand Prince, est vne autre diuinité, qui paroist à son tour, triste en apparence, mais joyeuse en effect, C'est elle, SIRE, que S. Bernard au sermon 4. de la resurrection nostre Seigneur dit qu'elle rend l'homme fort & puissant à porter la tribulation. C'est-elle qui porte sur le frond escrit en lettres d'or, les parolles de l'Apostre aux Hebrieux 2. *Si extra disciplinam estis cuius participes facti sunt omnes, adulterini non filij estis.* Si vous estes hors de discipline, C'est à dire si vous refusez les verges de Dieu; desquelles tous les siens ont leur part, vous estes bastards & non-pas enfans legitimes. C'est ceste Deesse, SIRE, qui mene auec sa trouppe, prisonnieres & captiues l'Ire & ses filles; la manie, la folie, la fureur, l'enflement de l'esprit, la contumelie, la clameur, l'indignation & le blaspheme, la colere; la vindication & vn tas d'autres enfans malheureux; que la patience conduit en Triomphe cōcertant auec ses compagnes ce couplet qu'elle mesme a fait.

*Tout est vaincu par nostre patience*
*Tout viene à poinct qui peut gagner le temps*
*Petits & grans sont à la fin contants*
*Quand l'equité se treuue en la ballance*

Apres la patience, SIRE, vous pouuez voir facilement cheminer la Verité, puiſ-qu'elle ſap-proche de voſtre bouche, & qu'elle vous dicte les parolles que vous prononcez, Elle eſt aſſi-ſtée d'vne Carauanne de ieunes filles qui n'ont en la langue que des loüanges veritables de ma beauté, de ma ſanté, & des faicts genereux de voſtre prudence & de vos armes, Voyez, Grand Roy, comme elles tiennent garrottées le men-ſonge, la médiſance & la mocquerie auec vn nō-bre innombrable de perſonnes qui n'ont vomy que du venin de leurs bouches pour empoi-ſonner la renommée d'autruy, & fleſtrir la re-putation de tant de gens d'honneur qui ſont preſts de voſtre Majeſté, & qui n'ont autre viſée qu'à faire amas de parfums & de baume naturel & veritable pour leur dōner bonne odeur apres leur mort? Vous voyez, Sire, les Antropo-phages de ce temps tellement harraſſez & de leurs parolles & de leurs eſcripts. Qu'ils ſont contraincts de crier miſericorde à ceſte verité. Deeſſe ſi saincte & ſi noble qu'elle ne peut ou-urir l'oreille à leurs diſcours, ains va diſcourant à ſon auantage ce que Iuppiter ſon pere luy a composé.

*Le menſonge & la médiſance*
*N'ont eu iamais nulle puiſſance*
*De terracer la verité?*
*Et c'eſt vne pure folie*
*D'arracher ce qui la lye*
*Par vn preambule affeté.*

Il paroiſt bien, Sire, que noz médiſans ſon portez des æſles d'vne manie de s'attaquer encore aux principalles Dames de la Cour, Vertueuses si iamais il en fust, & dont le merite ne doit rien de reste à celuy d'Hortensia qui estoit si éloquente qu'elle plaida & gaigna la cause des mastrones & vefues Romaines deuãt les triumvirs pour l'imposition faicte sur elles, & d'vne quantité d'autres que l'antiquité eternise.

*Celuy qui mesdit des Dames*
*Doit estre vn homme imparfaict?*
*Vn esprit meur & bien-faict*
*Ne peut offencer les femmes.*

En suitte de ceste verité, SIRE, cheminent plusieurs autres Deesses, La prudẽce, La temperence, La sobrieté, L'innocẽce, & vne quantité d'autres dont les noms seroient trop long-temps à reciter, Qui menent en mon Triomphe les ennemis qui leur sont opposez, comme l'Enuie, l'Ignorãce, La Gourmandise, l'Impatiẽce & milles autres filles enragées qui ne m'ont iamais fait que du mal: Mais maintenant qu'elles sont au pouuoir de tant de sainctes deitez, il ne faut plus craindre les malheurs & les perfidies qu'elles m'ont autrefois semées dãs le sein. Ses diuinitez sont si joyeuses qu'elles desployent vn pappier que Iunon leur a baillé pour chanter les vers qui sont escripts dedans de la main de ceste riche Princesse.

*Puis-qu'ainsi est, que par nostre puissance*
*Nous triomphons des filles de malheur:*
*Accompagnons la France en asseurance*
*Et la portons dans le Ciel de l'honneur.*

Au costé gauche du Carrosse de mon Triomphe,

phe vous pouuez voir, Grand Roy, les Nereides de vostre Mer Occeane & Mediterranée, les Oreades de voz montagnes; les N'ayades des eaux, les Creny des des fontaines; les Epipotamides des riuieres, les Echynomides des marescages, les Napées des forests, les amadriades des arbres, & les Aloetides des bocages; Qui toutes toutes sont venuës à l'enuy accompagner mon Triomphe, & jetter auec Pomone & Flore les fleurs & les fruicts du Prin-temps & de l'Esté pour tappisser les lieux de mon passage. Ce sont des filles qui chantent merueilleusement bien; Aussi vont elles estonner l'air de leurs chants, par le recit de ces vers qu'elles ont trouué dans l'escorce d'vn arbre.

*C'est à ce coup, Que le Ciel & les Anges*
*Ioignent leur chant au son de nostre voix*
*C'est à ce coup que cent mille louanges*
*Courronneront le Royaume François.*

*C'est vn plaisir d'entendre la Musique*
*Et voir le Luth s'accorder aux fredons*
*D'une chanson, ou de quelque cantique*
*Non-pas d'entendre vne voix de Canons.*

*C'est un plaisir que de voir en parade*
*La France, ainsi qu'elle est en sa beauté,*
*Non pas la voir comme on la feint malade,*
*Obscurcissant les yeux de sa santé.*

Derriere tous ces Esclaues qui sont attachez à

mon Carrosse, vous pouuez encore voir, Si[re]
vne trouppe d'autres Déesses vertueuses, qui
rendent tesmoignage par leurs instrumens mu-
sicaux, du contentement qu'elles reçoiuent de
me voir esleuee sur vn Char de Triomphe, accompagnee des celestes Deitez, & enuironne[e]
de tant de Nimphes : Elles ne peuuent s'abste[nir]
de rire, voyant les rages de l'enfer garrottees, &
menees auec toutes sortes de violences. Ce[s]
Dames, SIRE, ne sont autre chose que les Prouinces, Villes & Citez de vostre Monarchie,
toutes chargees de guirlandes faites de Lys, dont
elles couurent mon chef : Vous voyez, Gran[d]
Roy, Madame Christine de France vostr[e]
Sœur, qui represente la ville Metropolitain[e]
de vostre Royaume, suiuie d'vne trouppe [de]
Dames & Damoiselles, Qui sont les villes de l'e[s]-
tenduë de vostre Parlement de Paris, lesquell[es]
me viennent offrir des vœux de la fidelité de
leurs Citoyens : Cette jeune Princesse, autan[t]
admirable en sa beauté qu'en ses vertus, mon[stre]
combien son cœur a de joye de me voir paro[i]-
stre si pompeuse, & pour signal de son allegre[s]-
se, elle incite les autres Princesses des Prouince[s]
de chanter auec elle.

Madame la Princesse representee par le Par[le]-
ment de Thoulouze : Madame la Comtesse de
Soissons par celuy de Bordeaux : Madamoiselle de Montpensier par celuy de Roüen : Madame la Duchesse d'Angoulesme par celuy de
Dijon : Madame de Vendosme par celuy de
Grenoble ; Madame de Guise par celuy d'Ai[x]

& Madame la Ducheſſe de Cheureuſe par celuy de Rennes, Viennent auſſi les vnes apres les autres pour m'offrir les ſermens des habitans qui reſpondent en chacun de leurs Parlemens, Et joignans leurs voix auec celle de Madame de France, elles chantent en mon honneur ce que les Muſes leur ont appris de naiſſance.

*Fuyez de nous, Monſtres épouuantables,*
*Voſtre venin ne nous nuira jamais,*
*Nous deſirons de voir touſiours la Paix*
*Enuironner le chef de nos ſemblables.*

Par la diuerſité de ſes Concerts, SIRE, vous pouuez cognoiſtre ſi ie n'ay pas raiſon de me dire bien-heureuſe, veu que depuis douze cens ans & plus que j'ay l'honneur d'eſtre reduite en Monarchie, je n'ay point Triomphé auec autant d'applaudiſſement que ie fais aujourd'huy. Il eſt vray que j'en refere la loüange & la gloire à voſtre Majeſté par qui ſeule ie Triomphe. Les Triomphes que ie puis auoir faits autresfois, ont eſté de ſi peu de duree que la cognoiſſance en a eſté incontinent éteinte : Mais celuy d'aujourd'huy, où ie voy tant de magnificence, tant de Déeſſes guider mon Coche, & tant d'autres Nymphes & Princeſſes victorieuſes de leurs ennemis, me fait eſperer que ie demeureray eternellement Belle, Magnifique, Paiſible, Douce, Iuſte, & Agreable à mes ennemis meſmes.

Les Lys de mes jardinages ont eſté ſi ſouuent flétris, que le Ciel vous a indubitablement fais naistre, Grand Roy, pour leur faire reprendre le premier lustre de leur blancheur : C'est à vous seul (apres Dieu) à qui ie suis redeuable, non seulement de mon Triomphe, mais de ma beauté & de ma santé : Rien n'égalle & ne peut égaller les plaisirs que ie reçois en l'ame, d'auoir veu vostre generosité étouffer vos ennemis : Nulle Monarchie ne peut estre parangonnee à ma gloire, puis que c'est le Ciel qui me rend glorieuse. Arriue que pourra, ie ne sçaurois tomber que debout, Voyant l'Architecte de l'Vniuers prodiguer ses graces & ses faueurs à vostre Majesté. Mais, SIRE, comment est-ce que Dieu ne vous aimeroit, estant IVSTE comme vous estes, & misericordieux à vos ennemis mesmes ? Ce sont les deux poincts principaux pour conseruer vn Monarque au milieu des Canons, du bruit des mousquetades, & voire des Dæmons mesmes. Helas ! comment, dis-je, Dieu ne vous cheriroit-il point, veu que vostre peuple & vos bons subjects, ont iour & nuict en la bouche le Pseaume d'*Exaudiat*, & d'autres prieres qu'ils offrent au Ciel pour la prosperité de vostre Majesté & de vostre Estat, Tesmoignages certains d'vn parfaict amour, & d'vne rare fidelité.

Pardonnez-moy, Grand Prince, si le discours de mon Triomphe a esté long, & si j'ay trop abusé de vostre patience Royalle, ie vous asseure que ie suis tellement rauie d'aise & de contentement, que s'il m'estoit permis de continuer ie ne cesserois jamais, Trouuant en vostre personne Sacree, autant de sujets que de matieres, mais

gré nos Antropophages, dont les eſprits ſont troublez en la cõſideration de mes Triomphes. Ils ſont ſemblables à ces faiſeurs d'Horoſcopes, qui donnent des fortunes ambigues à ceux qui en veulent, & ne ſe les reſeruent pas pour eux. En effet, SIRE, pour recompenſe des obligations que ie vous dois, je ne ſçay que vous preſenter, veu les dons ſur-celeſtes que vous poſſedez : Ie ne vous puis offrir pour arres de mes affections que la beauté de ma beauté, la ſanté de ma ſanté, & le Triomphe de mon Triomphe, que j'ay proprement emprunté de voſtre Majeſté.

Mais puis que ie ſuis toute voſtre, Grand Roy, c'eſt à vous à choiſir dans le parterre de mes delices ce que vous y trouuerez d'agreable & de delicieux: C'eſt à vous à gouſter les fruicts que ie produicts pour en prendre les meilleurs, La fertilité de mon ſein conjure voſtre Majeſté d'y venir prendre le repos de mon repos, afin que nous ſoyons perpetuellement vnis de telle ſorte du lien de voſtre ſincere amitié, que la médiſance n'aye plus le pouuoir de chãger la blancheur de mon viſage à des faces baſanees, comme ils font ordinairement, Et que ie puiſſe écrire ſur les Cahiers de l'eternité les vers que ie donne à voſtre Majeſté, pour la fin de mon Triomphe.

*Malgré le ſort, la tempeſte & l'enuie,*
*Et la fureur des Dæmons infernaux,*
*Ie feray voir par mes coups Martiaux*
*L'authorité de cette Monarchie.*

Les serpenteaux qui rampent sur ma France,
Periront tous auec le desespoir,
Et tous verront que le Diuin pouuoir
Guide le cours du bras de ma Vaillance.

Les Almanachs seront contraints de dire,
Qu'en peu de temps par force, ou par amour,
Les Estrangers feront place à ma Cour,
Et l'Vniuers me seruira d'Empire.

FIN.

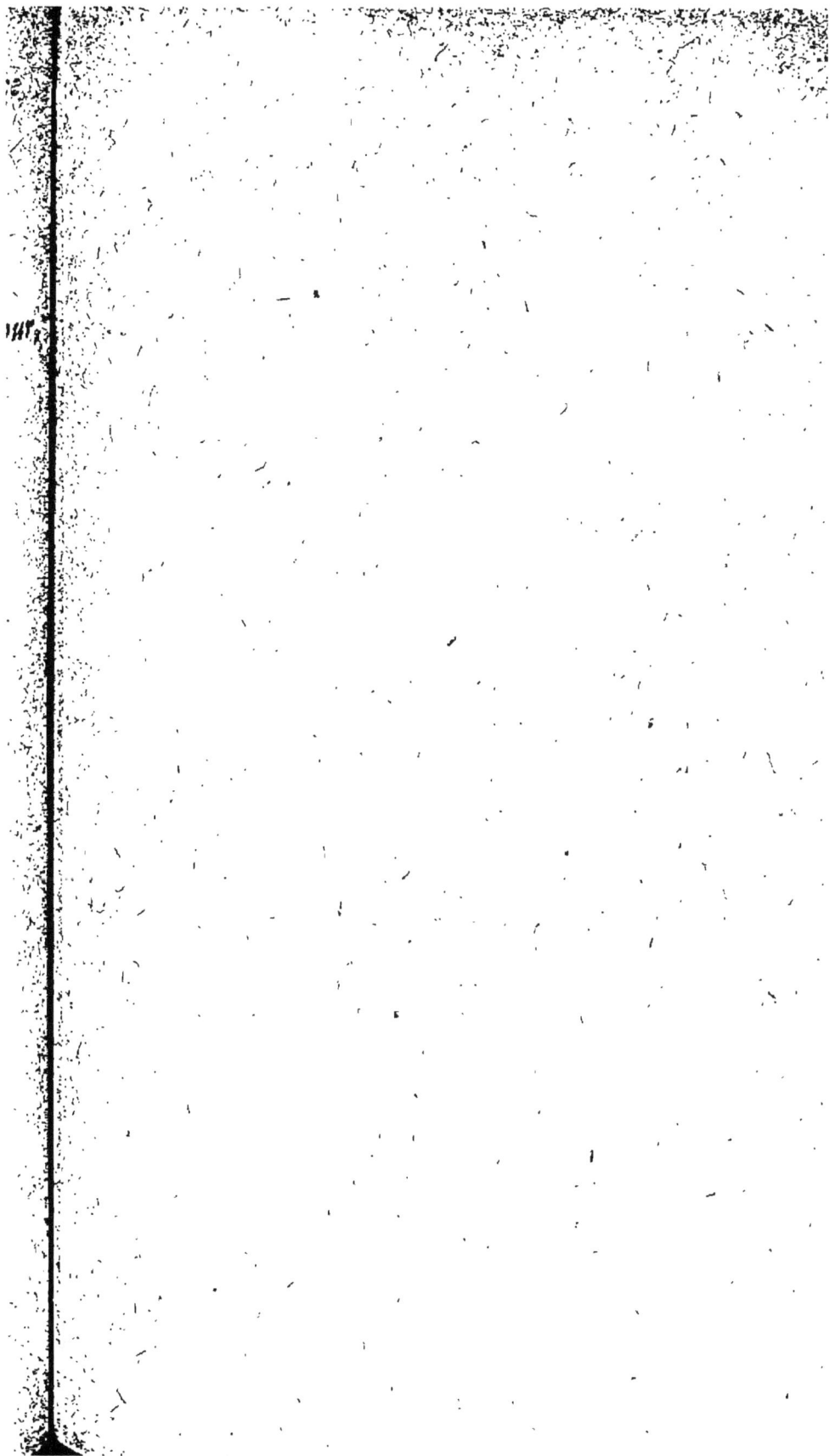

P
S

s r

Dep

# PASQVIL SATYRIQVE

## DV DVC DE [****.]

*SVR LES AFFAIRES*

DE FRRANCE.

Depuis l'Annee 1585. iusques en l'Annee presente 1623.

M. DC. XXIII.

T

In
Ca
Et
Vi
M
To
La
Et
De
De
Ie
Pe
Plu
Au
To
Pa
Be
M
Ca
Et
A l
Et

## PASQVIL SATYRIQVE DV DVC DE [*****] SVR LES *affaires de France, depuis l'Annee 1585. iusques en l'Annee presente 1623.*

NVL ne vit exempt du trespas,
Grand Duc? mais celuy ne meurt pas
Auquel on a par tyrannie
Iniquement l'ame rauie.
Car qui meurt en seruant son Prince
Et pour deffendre sa Prouince,
Vit par vne eternelle vie
Malgré le destin & l'enuie.
Toutesfois s'il te reste en l'ame
La mort ayant couppé la trame,
Et le court filet de tes iours
Desir de sçauoir le discours.
De ce qu'en France s'est passé
Ie mettray ce qu'ay ramassé,
Pesle mesle dedans ton vrne
Plusieurs accusent la fortune,
Autres condamnent le destin
Toutes choses vont à leur fin,
Par le point qui leur est prescript
Beaucoup en ce temps ont escrit
Mais peu ou point de verité
Car la grande varieté,
Et diuersité de Paris
A passionné les esprits,
Et puis il ne faut pas tout dire

Des grands bien souuent on craint l'ire,
Quelques-vns cherchent leur faueur
Il faut detester les flateurs,
Nourrissant des Princes les vices
Pour les flater en leurs delices,
Les perdent incensiblement
Vous auez entendu comment,
Charles-quint trauailla la France
C'estoit de nostre mal l'enfance,
Qui causa les guerres ciuiles
Et puis apres les Euangiles
L'Eglise & la Religion
Nous ont engendré l'vnion
Dont plusieurs ont faict penitence
La trop tardiue repentance,
Nous a presque tous faits vnis
Si l'on eu creu ceux de Paris,
L'on eut destruit la Monarchie
C'estoit vne vraye Anarchie,
Que la ligue au commencement
Le Roy print vn bon argument
Veoir que Paris estoit ligueur
Car ils ont tousiours par malheur,
Embrassé le pire party
L'Espagnol n'est pas mal party,
Il a cauteleux & rusé
Finement à ce but visé,
De nous entretenir en guerre
Viuant en paix dedans sa terre,
Nuisant plus, se feignant amy
Qui n'a faict estant ennemy,
Car en fomentant nos malheurs
Il faisoit ses complots ailleurs,
Pretextant son ambition

Du voile de Religion,
Mais c'estoit le but deliberé
En faisant mourir son beaufrere,
Exterminer la Fleur de Lys
Et la race de sainct Louys,
Et renuerser l'Estat François
Ceux de la maison de Valois,
Ont senty les premiers efforts
Car les vns par poison sont morts,
Et les autres par le couteau
De l'Eglise il fit le manteau,
Et quitta l'Espagnolle cappe
Se feignit amy du Pape,
Pour l'vn & l'autre deceuoir
Mais ce mal on deuoit preuoir,
Lors qu'on tira Salceré en Greue
Des petits la Iustice est brefue
Et les grands on laisse eschapper
Sont ceux-là qu'on doit attraper
S'il n'y a promesse au contraire
Henry qui sçauoit qu'à son frere
Le poison estoit preparé
S'il n'eust de punir differé
De guerre eust preserué la France
Il faut estoufer des l'enfance
Le mal qui commence à germer
Et ne laissez iamais armer
L'ennemy que l'on peut deffaire
Par Iustice l'on acquiert gloire
Honneur & reputation
Destruisant l'ambition,
Nostre grand Roy Louys le iuste
De l'esclat de son nom Auguste
A foudroyé ses ennemis

Soubise & ses gens endormis
En pourront dire des nouuelles
Ces rencontres furent cruelles,
Plusieurs par la derniere fois
Beurent à tous les Rochelois,
Vn Roy doit estre reueré
Louys onziesme est honoré
Et tenu pour homme d'Estat
A celuy qui trouble l'Estat,
On ne fait tort quand on le pend
Tel parle trop qui s'en repend
Ie m'en rapporte à Lignerolle
On dit bien souuent des paroles
Dont en bref on voit les effets
Si on eut creu le Roy François,
Prince prudent & aduisé
L'on se fust plustost aduisé
Remedier à ce dessein
Vn Prince qui prendra le soin
D'aduiser au comportement
De ses sujets preuient souuent
Le temps & l'effect du Conseil.
Vous vistes le grand appareil
Qu'on fist d'armes aux barricades
Il n'est bon vser de brauades
Contre le Roy & son Seigneur,
Ny s'en orgueillir de l'honneur,
Que nous fait vn peuple mutin
Il dort, & puis dés le matin
Se repend de ce qu'il a faict,
Et le Roy punist le forfaict
En la personne des autheurs:
L'on punit tousiours les fauteurs
Des seditions populaires

Par punitions exemplaires,
Pour contenir tout en deuoir
Vn Prince qui a tout pouuoir
Ne doit rien vouloir que de iuste,
Mais vne majesté auguste
Est tousiours preste à pardonner.
Il conuient aussi guerdonner
Ceux qui seruent fidelement:
Vous sçauez qu'au commencement
Le Catholicon que d'Espagne
On porta premier en Champagne
Pour aux François le deliurer,
Peut de son odeur enyurer
Les deux parts du peuple de France,
Ne laissant rien que la souffrance
Et le peuple morne & deffait
Apres auoir fait son effect,
C'est vn argent tutorxiqué,
Tous ceux qui en ont pratiqué
Ne s'en trouuent pas bons marchans,
Tout le pauure peuple des champs
Est ruiné & ceux des villes
Detestant les guerres ciuiles
Est en maudissant les autheurs,
Plusieurs en blasment les ligueurs,
Car par eux France bien vnie
Fut en peu de temps desvnie.
L'on veit le fer, le sang, le feu,
Aux deux bouts, & dans le milieu,
Et prouoqua l'on à la guerre
Le Roy contre son propre frere,
Et sur aux Huguenots courir,
Que l'on sçauoit se contenir
Pacifiques en leurs maisons.

L'assemblee s'en feit à Soissons,
Montauban leur seruit d'excuse,
Le Roy ne peut preuoir leur ruse,
Mais ayant tard veu descouuret,
Le ieu que l'on tenoit couuert,
Et que c'estoit à sa personne
A son Estat à la couronne
Que l'embuscade estoit dressee
Il changea bien-tost de pensee
Appellans pour venger ce tort:
Ceux qu'il poursuyuoit à la mort,
Lesquels tost l'on veit accourir
Fidelles pour le secourir,
Les armes n'estoient pour l'Eglise
Quelque chose que l'on desguise
Et moins pour soulager le peuple,
Plustost pour luy rauir son meuble,
Ny pour les estats supprimer
Car premier que de se desarmer.
L'on en demande de nouueaux,
Et des subsides sur les eaux
Et par tous les accords passez
Vous lisez tousiours entassez
Nombre d'affaires de maison
D'entretien & de garnison
De redeuus acquits & debtes
Et de recompense de pertes
Remises de violements
De meurtres & d'embrasements
Sans parler vn seul mot de Dieu
Il voit tout, il est en tout lieu,
Et lors que l'on se veut seruir
De son nom pour vn mal couurir
Il rend vain & nuls les efforts

Des Rois & des Princes plus forts
La vanité & le menſonge
Se vont perdant ainſi qu'vn ſonge,
Et touſiours de la verité
Reluit & paroiſt la clarté,
Et iamais le faux ne fut vray
Comme on diſoit prenant Cambray,
L'inuention du Conneſtable
Ne ſe trouua point equitable,
Propoſant le fait general
Faire à la France tant de mal,
Pour n'auancer que ſes affaires.
L'on tient touſiours pour mercenaires
Ceux que par argent on pratique
C'eſt vne nouuelle practique,
Vendre vne choſe ou l'on n'a rien,
Chacun doit conſeruer le ſien.
Et viure pacifiquement
Le peuple couſtumierement
Eſt enclin à ſedition
Que pauure eſt la condition
De ſe mettre ſous le pouuoir
D'vn qui ſortant de ſon deuoir
De vaſſal fait du ſouuerain
Et qui au peuple tient la main
Pour des mutins ſe faire chef.
Malheur luy tombe ſur le chef,
Ie m'en rapporte aux Maillotins:
On punit touſiours les mutins.
Et Dieu des Rois prend les querelles
Encontre leurs ſubiets rebelles
Point les factieux ne s'accordent
Touſiours par entr'eux ils diſcordent
Ils ſont touſiours à diſputer

Lors qu'on vient le chemin quitter
De la vertu courant au vice
Celuy qui ſuit noſtre malice
Et qui nous accompagne au mal
Eſtime qu'il nous eſt eſgal,
Rendu pareil par ſon delict.
Le Roy d'Eſpagne & ſon credit
Corrompans par doublons & dalles
Du Clergé les langues venalles
A tout mis en confuſion,
L'on n'a ſceu la legation
De Monſieur de Neuers à Rome.
Ce bon Prince ce prudent homme
Sa pieté & ſon ſçauoir.
Le Pape n'ont peu eſmouuoir
Ny le conuier de nous rendre
La grace qu'on deuoit attendre
Iuſtement de ſa Saincteté,
L'Eſpagnol rompit ce traicté
Non par raiſon, ains par malice
Employant tout ſon artifice
Pour nous captiuer par nos mains,
Deceuant les Princes Lorrains,
Pour deſpiter France leur mere:
Mais le Roy ainſi qu'vn bon pere
A voulu par vn induſtrie
Ceſte guerre eſtre enſeuelie,
Et qu'on oubliaſt le paſſé,
Vitry a le premier paſſé
De la Ligue au party du Roy.
Et puis la Chaſtre, & Villeroy
L'ont enſuiuy bien toſt apres,
Alincourt les ſuiuoit de pres,
Et Briſſac marchoit ſur leur piſte,
Medauit accreut ceſte liſte

Deuillars le suyuoit au pas
Mais Rieux ne monta-il pas
En Paradis à reculon
Il vaut mieux prendre le plus long,
Et suiure le plus seur chemin
Il ne faut point de parchemin
A ceux qui n'ont point de Chancellé
Croyez si on eut Cancellé,
De Blois les pretendus Estats
Nous eussions veu de grands debats,
Et ruines dans nos Prouinces
Vous auez veu Messieurs les Princes,
Seruir le Roy fidellement
Ainsi qu'à faict semblablement
Mais seul Monsieur le Connestable
Il s'est rendu recommandable
Par fidelité à son Roy
Biron mourut à Espernay
La c'est vn tres-grand dommage
A son Roy il rendoit l'hommage
Et debuoir de bon seruiteur
Le fils à perdu son honneur
Dedans l'enclos de la Bastille
Voulant par trahison subtille
Trahir les riches Fleurs de Lys
Et le plus hardy des Henrys
L'autre maintenant aux combats
Du grand pere poursuit les pas,
Et suit ses vertus à la trace
Et vous ô grand Prince indomptable,
Aux assaux indefatigable
Qui estes mort à Montauban
Vous monstrastes en vostre sang
L'amour & l'ardeur nourris

Que vous portez au grand Louys,
Vous monstrastes en l'aduersité
Vostre grande fidelité,
La France ! helas presque deserte
Regrette par tout vostre perte,
Vostre renom plein de merueilles
Vole d'oreilles en oreilles,
Et viura eternellement
Engraué dans le firmament,
Daumalle estoit bon Caualier
La Noüe estoit vn grand guerrier,
Ferme & constant en ses promesses
Ceux qui prisent trop les richesses,
N'ont pas tant de fidelité
Sçaueuse fut bien mal traicté,
Estant tombé de son cheual
Par Chastillon, prés bonneual,
Aussi fut le Duc de Rohan
A son retour de Montauban,
Luyne prompt vaillant & sage
Est mort en la fleur de son aage,
Il se fit paroistre à sainct Iean
Et à la prise de Royan,
Son bras qui commençoit de naistre
En mille endroits s'est faict paroistre
Tant il à le cœur genereux
Soubise fut-il pas heureux,
Vsant d'vne ruse tres-belle
De se sauuer dans la Rochelle,
Et venir en l'Isle de Rié
Pour se retirer du danger,
Vn esprit nuit & iour trauaille
Quand Randan perdit la bataille
Henry fut vainqueur d'Iury

regrette fort feu Iiury,
estoit accort, & vaillant
tignon à esté prudent,
our à ses desseins paruenir
yant fort bien sceu contenir
ut le bordelois en repos
ne parle pas des impos
is sur les vins & les bateaux
mais les villes & chasteaux,
ui sont scise sur les riuieres
n prend la becasse aux pentieres
la pousse sans dire mot
ue le pauure sieur Halot
ut tué miserablement
alegre en vsa lachement
uis se mit du party ligueur
hasteau neuf estoit bon seigneur,
delle au Roy actif & prompt
a Hunaudaye, le sieur du Pont,
nt bien seruy dans la Bretaigne
urdeac deffit en campagne,
Courbe, & tous ses fatassins
es Cluseaux pres de Han fut prins
ussi fut le sieur de la Motte
es de la Rocheloise flotte;
ste charge luy fut heureuse
ue le feu seigneur de Ioyeuse,
ut mal mené à Villemur
uand le Roy partit de Saumur,
vint bien a propos à Tours
ous sçauez bien les mauuais tours,
u'on auoit fait à ceux du Temple
en punit pour prendre exemple
uatre ou cinq qui furent pendus

Y ſont demeurez morfondus
Iamais on n'eut rien plus ferme
A Clerac que Monſieur de Terme
Tel voſtre ſeruiteur ſe dit
Qui en derriere vous trahit
En vain tout remply de pouſſiere
Qui le trahiſſoit en derriere
Daumalle courut la carriere
Et le fit cognoiſtre à Senlis
Son frere fut à ſainct Denys,
Il a tenu long ſon voyage
Lors qu'on va en pelerinage
Il ne conuient aller de nuit
Celuy qui la Lune conduit,
Faut qu'il ſoit ſubiect à l'Eclypſe
Qui va trop viſte ſouuent gliſſe,
Il fait bon ſe haſter au pas
De Bel-iſle ne gaigna pas,
A ce traffic de croſilles
De Soubiſes a touſiours fait gilles,
Il n'eſt bon que pour le diſcours,
Le deffunct ſieur de Nemours
Eut fait à ſon Prince ſeruice,
Il n'eſtoit taché d'auarice,
Il n'aymoit rien tant que l'honneur,
C'eſt vn homme d'eſtrange humeur,
Que Vitry quoy qu'il ſoit vaillant
Picheric a eſté conſtant,
Gourdan enſemble la Veronne,
De Crequi ne cede à perſonne
Sa valeur la faict paruenir
Monbarot à ſceu contenir
Rennes touſiours à ſon debuoir
Verdun eſt homme de ſçauoir,

De Rets est plein d'ambition
Le Diable à faict l'inuention,
Dont la Rochelle est allumee
L'on voit des croquans à l'armee,
Plustost deffaicte que leuer
Il ne faut pas se souleuer
Pour auoir reformation
Car l'humble supplication
Flechit les Roys, & non la force
Desormais le sieur de la Force
A receu du Roy l'esperance
D'estre en bref Mareschal de France,
Et luy fin de quitter les coups
Et de fuyr le grand courroux
De Louys qui porte le foudre
Pour mettre l'heresie en poudre,
Tinteuille & de Montbazon
Clermont le Marquis de Curton,
Sont tous Caualiers de merite
Tout ainsi que l'enfant herite,
Le bien de ses predecesseurs
Ainsi doiuent les successeurs
Imiter en fidelité,
La venerable antiquité
Ainsi le font les gens de bien
Iamais vn traitre ne vaut rien
Ie m'en rapporte à Hacqueuille
Desdigueres est fort habille,
Il s'est monstré bon Capitaine:
Car il a franchi la montaigne
Et maintenu le Dauphiné
L'ennemy fut bien mal mené
Vn peuple qui est mutiné
Ne sçait ce qu'il faict, ne qu'il dit

Maugiron vendit son credit,
Liurant la ville de Vienne
Plusieurs n'ont soin d'où l'argent vienne
Ceux-la n'ont pas beaucoup d'honneur
Que c'est vn courageux Seigneur
Que monsieur le Prince de Condé
Il a bien le Roy secondé,
En ses plus importantes affaires
Les Anglois qu'on deffit en bieres,
Furent tous tuez de sang froit
Il se fit vn semblable exploit,
A la motte de sainct Eloy
Il fait bon maintenir sa foy
On s'en repentit à Coutras
De Parme fut blessé au bras
Il en mourut bien tost apres
Pleust à Dieu que de beau cyprés,
Du maistre on eust orné la tombe
Il ne peut faillir qu'il ne tombe,
Mais il ennuye de trop attendre
Clerac se deuoit mieux deffendre
Manreuert mourut combatant
Son compagnon n'en fit pas tant,
Il a plus mesnagé sa vie
Le Gouuerneur de Fontarabie
Mourut degradé dans Lyon
L'on en remarque vn milion
Qui sont morts pour moindre suject
Il fait bon estre vn peu finet.
Et se seruir de ses amis
Quand vn faict au Conseil est mis
Qu'on doit punir par le deuoir
Si l'on a crainte desmouuoir
Les grand au bien faire folie

Allant au Roy de Laconie
Agesilaus apprendra
Ce que faire il nous conuiendra,
Le Roy est la mesme Iustice
Qui ne faict rien par auarice,
Par cruauté ny passion
Ny pour la confiscation,
De ses subiects est equitable
Et tout forfaict est punissable,
Plus pour l'exemple que pour la Loy
Humiere seruoit bien le Roy
Il est Seigneur fort regreté
Longeuuille fut mal traicté,
Lors qu'il retournoit à Dourlan
Asseurez vous que ceux de Laon,
Furent vn peu mal secourus
A la Fere ils se sont rendus,
L'on ne voit plus rien secourir
Aussi ne voyt-on rien mourir
De faim pour deffendre les places
Si l'on a deffendu les chasses
S'est pour complaire à la Noblesse
Laquelle auec plus d'allegresse,
En fera seruice à son Roy
Pisany est homme de foy
Du petit Prince Gouuerneur
Montigny a de la valeur,
Du Gast est vn peu inconstant
Sainct Luc n'a pas perdu le tant,
La valette estoit bien fidelle
Et si d'Espernon a du zele
Il a les moyens de seruir
Beaucoup n'ont soin que d'assouuir
Leur esprit d'honneur & d'argent

Vn Prince qui eſt diligent,
Eſt difficilement trompé,
Demeurans celuy-là pipé
Qui penſe de le deceuoir,
Pour ſe contenir en deuoir
Faut penſer ce que l'on a eſté,
I'en ay veu tel bien haut monté
Lequel eſt deſcheu tout à coup,
Et la fortune d'vn ſeul coup
Peut bien renuerſer vn Empire
Qui choiſit & qui prend la pire,
A nul ne le doit imputer
Ceux que Dieu veut precipiter
Il leur oſte le iugement,
Montpenſier auoit fait ſagement,
Il gouuerne bien ſa prouince,
Il referre tout à ſon Prince
L'honneur le cherche en le fuyant
Mais ceux qui le vont recherchant,
Et qui font des Princes ſans l'eſtre
Vous les voyez bien toſt ſubmettre,
Au pouuoir d'vn iuſte Seigneur
Tout illicite vſurpateur,
Ne tient long temps ſa Monarchie
Et celuy qui par tyrannie
Recherche le commandement
Dieu puniſſe & rarement,
De ſoy laiſſe aucun ſucceſſeur
Ie croy que pour vn tel malheur
L'Eſpagnol à reprins Cambray
Quand le Roy fut à la Guibray,
Il euſt bien toſt forcé Falaize
Tout peuple qui eſt trop à laiſe
Eſt ſubiect à rebellion

L'austere domination,
Luy faict chercher la liberté
Il faut garder l'egualité,
Qui est entre le trop & peu
Et cheminer par le milieu
D'entre les deux extremitez
Ceux qui tranchent des deux costez
Iugent auoir faict finement
Mais de viure neutralement
Au milieu des guerres ciuilles
Soit à la campagne ou aux villes
N'est pas acte d'homme d'honneur
C'est le vray faict d'vn lasche cœur,
Ie m'en rapporte à la Trimoüille
Qui a des-ia deux pieds de rouille,
Mais il a rendu le pendant
Taillebourg son corps deffendant,
Le Roy la en possession
Chacun en sa condition,
Se doit declarer d'vn party
Et celuy qui vit mi-party
Est tenu pour vn inconstant
Voyez ce graue President
De ceste cour souueraine
Donner de Majesté pleine,
Nombre de doctes Conseillers
Lesquels mesprisant tous dangers,
Toute honte & toute infamie
N'ont craint de hazarder leur vie
Et captiuer leur liberté
En gardant leur fidelité,
Sans que des grands seigneurs l'audace
La fureur de la populace,
L'horreur d'vne noire prison

Leur femme famille & maiſon,
Iamais les ay peu dimouuoir
De perſiſter en leur deuoir
Pluſieurs autres de la iuſtice
Qui ont abhorré iniuſtice,
Nous ont faict veoir par leur conſtance
Qu'ils eſtoient enfans de la France,
Qu'ils honoroient par leur treſpas
Auiourd'huy on voit portez bas
Ceux qui ont flechi par contrainte
Des hommes ne faut auoir crainte,
Lors que Dieu l'on ſert & ſon Roy
Caſtille il met en deſarroy
Venant au ſecours de Daion
Fontaine auoit le cœur bon,
Mais il fut par ſon ſeruiteur
Traitre execrable prediteur,
Miſerablement maſſacré
Le mal que faict l'argent ſacré
Qui rend ainſi l'homme infidelle
Virluiſant eſtoit bien fidelle,
Il fut tué dedans l'Egliſe
Bouille, à ſenty ſans faintiſe,
Auſſi à bien faict le Neuf-bourg
Bouillon feit bien à Luxembourg,
Tout fut perdu par ialouſie
C'eſt vne eſtrange maladie,
Que la trop grande ambition
Elle meine à perdition,
Tous ceux qui en ſont entachez
Quelques-vns qui ſont des faſchez
Se deuroient garder de meſprendre
Phaeton par trop entreprendre
Renuerſa le char de ſon pere

Il faut fuir le vitupere
Se gouuernant par la raison
Chauigny & de Chaseron
Qui gouuerne le Bourbonnois
Et Vic ont esté bons François,
Chombert est prudent sans malice
D'O, auoit bien plus d'artifice,
Et Richelieu moins aduisé
Le bon temps qu'à monsieur Rusé,
Les oyseaux il ayme, & les chiens
Regnault n'amassa grands moyens,
Mais il est mort riche d'honneur
Gesures ioinct l'vtille au bon-heur,
Forget sçait bien tout le talmud
Villeroy visoit à certain but,
Où tous ne peuuent pas atteindre
Rosne se vouloit faire craindre,
Ou rechercher pour son merite
Il á suyuant son demerite
Esté puny de son forfaict
Le subiect lequel à mesfaict
Doit venir à repentance
Car le Roy remit bien l'offence
S'abstenant de seuerité
Quand on vient par humilité,
Et par douceur le supplier
Mais se vouloir faire prier
Est trop grande presomption
Et Dieu faict la punition,
Des arrogants & temeraires
Ceux-là ne font bien leurs affaires,
Lesquels la passion desregle
Ceux qui par raison se regle,
N'a iamais crainte de faillir

La honte faict l'homme pallir,
Lequel de trahison on accuse
Dasserac estoit sans excuse
Crapaer fort necessiteux
Demolac bien plus vertueux
Combourg, Carcez, & de Crecy
Le Damoysel de Commercy
Saincte Marie, & Colombiere,
Poigny, Fargis, & Fourmentiere,
Souuray, le Marquis de Vilaines
Ayant rendu preuues certaines,
De leur grande fidelité
Luyne estoit en prosperité,
Et ne trouua point son bon-heur
Dans les murailles de Monheur,
Il n'est regretté de personne
Il approchoit trop la Couronne
Son frere à pensé d'vn soufflet
Perdre la vie & le sifflet,
Touarce, & le gros Pangars
Long Aunay le boyteux Falias
La cheute D'araucourt hobole
Ont tenu ferme leur parole,
Et tous seruy tres-dignement
Malicorne honorablement,
Et tous Messieurs de Rambouillet
Montgommery & Gouuernet,
De la Trimouille, & Mirebeau
Le Bourg neuf, & de Monsoreau
De lorges meslé Torigny
Vergomar & de Maligny,
Chemille & Cleremont, d'Antragues,
Mont-martin, S. Denis Feruacques
Ont monstré leur affection

Et le Roy & leur nation
L'on ne les peut pas tous conter.
A mille & milles Capitaines
Qui par les villes & Campagnes
Sont signalez par leur valeur
Et ausquels on doit par l'honneur
Donner lieu dedans vne histoire
Mon Duc ie n'ay pas de memoire.
Quelqu'vn separé à l'escart
Reduira chasque chose à part,
Puis vn seul ne peut tout escrire
Si ne veux-ie obmettre à vous dire
Que Dieu pour la France veille
A preseruer Berre & Marseille
Par le moyen de libertat,
Dieu veut conseruer cest estat
Ayant reuny tous les Princes
Les Chasteaux villes & Prouinces
Et les seigneurs de qualité
Qui rendent à sa Majesté
L'honneur auec obeïssance
Et le Roy tout plain de clemence
Nous enseigne par son exemple
Qu'en paix nous deuõs viure ensemble,
Et nos iniures oublier
Mais aussi afin d'obuier,
Et chasser l'horrible discorde
Qui peut troubler nostre concorde,
L'on peut admettre desormais
Indiferemment les François,
A toutes charges & honneurs
Rien n'entretient tant les Seigneurs,
En concorde & en amitié
Comme fait l'equalité,

Nous courons tous mesme fortune
France est nostre mere commune,
Tous sont parens ou aliez,
Si quelques-vns sont desuoyez,
Et ne recognoissent l'Eglise
Permettant que l'on les instruise,
L'esprit n'est subjet à la force,
Bien que par vne douce amorce
Par raison & par remonstrance
L'on l'induit a obeïssance,
I'ay tousiours esté Catholique,
Ayant remarqué la pratique
Qui est plus aysé de reduire
Les Huguenots à que destruire
Mais plusieurs n'ont pas bien seruy
Si tous ceux qui ont deserui
Sont recognus & recompense
N'ostons à ceux-cy les despences
Donnee par les Rois preeedents
Les loix varient selon le temps
Et le temps n'est à ce contraire,
Nous auons des aduersaires
Et de bien forces ennemis
Mais si nous sommes tous vnis,
Il maudira leur entreprise,
Bien que Montauban ne fut prise,
La Rochelle ny Montpelier,
En vain il ont vn Conseiller,
Pour ruyner nostre France,
Du sien on perd la iouissance
Quand on veut l'autruy vsurper,
Il s'est mis premier à s'apper,
Puis a voulu vser de mines,
L'on s'est seruy de contremines,

Il nous attaque a force ouuerte
Son entreprise est descouuerte
Bien l'on y veut remedier
Nous auons vn Roy grand guerrier,
La guerre est iuste & l'ennemy
N'a point le droit de son party
L'on peut sur le sien entreprendre
Les François l'on a veu estendre
Iusques sur le nil, leur limites
Les Esclauons & les Galates,
Les Vandales & le Romain,
Ont senty l'effort de sa main,
Le Roy qui commande à la France
Par vne diuine assistance
Est paruenu iusques en ce lieu,
C'est vn coup de la main de Dieu,
Il surpasse l'humain pouuoir:
Voyez comme il a peu preuoir,
Et resister aux grandes armees
Qu'on a contre luy enuoyees
Il en a deffaict sans se battre,
Autres il a voulu combattre,
Iamais bataille ne perdit,
A Rié il se hazardit,
Et conserua tousiours son camp
Auec quatre nombre de combatans,
Il deffit le sieur de Soubise
Et euenta son entreprise:
Le Ciel luy mit le sceptre en main,
Il est Prince doux & humain
Qui se rend par trop accostable,
Dieu auquel il se rend aymable
La preserué des assassins,
Et de tous perfides mutins:

Mais premier qu'aller à la guerre
Dedans vne estrangere terre,
Le Royaume il faut reformer,
Affin qu'on ne voye allumer
Au beau milieu de ses entrailles,
Quand allieurs seront les batailles,
Le feu pour le reduire en cendre:
Car à ce que ie puis entendre,
On en recherche les moyens,
Et Messieurs les Theologiens
Et Prelats & Ecclesiastiques
Par les Canons & leurs pratiques
Sçauront bien faire leur deuoir
La Noblesse qui a pouuoir,
Et qui cognoist l'amour du Prince,
Se regira dans la Prouince,
Suiuant l'exemple de son Roy,
Et luy qui est Prince de foy,
Qui cherit & ayme iustice,
Les couurira quittant leur vice,
Sans leurs sujets tirannise,
Les fouler ny les oppresser
De viure contans de leur rentes,
De leur seul deuoir leur reuentes,
Sans plus les presser de coruees,
Ny forcer d'aller aux iournees
Trauailler ou seruir les Maçons,
Ne pensent pas qu'en leur maisons
Qui sont sur quatre paux plantees,
Ils n'ont du pain que par boutees,
Et que leur chetiues familles
Vont mendians dedans les villes
Leur pain & leur vie tous les iours,
Et dans les souueraines Courts,

L'on cognoistra les differents
D'entre les petits & les grands,
Sans que par euocations
Deffences interdictions
Qu'obtiennent les grands par faueurs
Ils soient des petits oppresseurs
Dedans l'estroit Conseil des Rois:
Car par les anciennes loix,
Le Conseil dressé pour l'estat,
Traité & matieres d'estat,
Les Cours souueraines de France,
Du reste auoient la cognoissance,
Les Rois donnent les benefices,
Les dignitez & les offices,
Les dons & graces les pardons
Et si telles confessions
Ne se fondent sur equité,
La Cour ny donne authorité.
Iamais tous ceux qui ont bon droit
Tous ceux qui cheminent de droict
Ne refusent d'y proceder,
Vous ne voyez superceder
Que par ceux qui n'ont l'asseurance
Conuaincuë par leur conscience
De comparoir en iugement
Ou qui par trop iniquement
De la veufue ou de l'orphelin
Iniustement tienne le bien,
Où qui ne veulent qu'on cognoisse
Qu'aux chetifs ils font de l'oppresse,
Sous pretexte de leur grandeur,
Ceste Cour de qui la splendeur
Aux estranger est admirable
N'est qu'aux meschants reformidables,

Vous verrez les Princes Lorrains
S'employans de cœur & de mains
Faire voir la fidelité
Qu'ils auoient eue d'antiquité
Vn braue & vaillant Duc du Maine,
Nemours d'vne façon humaine
De Guise qui dans la Prouence
Des-ja nous fait voir sa prudence,
Le Duc Delbœuf qui en Poictou
Riue de la Ligue le clou,
Bois-Dauphin & Señece,
Et le Baron de Temisce,
Et mille Seigneurs de la Ligue,
Qui ainsi que l'enfant prodigue,
Sont venuë rechercher leur Pere,
Esteindront le grand vitupere
Qu'à bon droit on leur imputoit
Par quelque genereux exploit,
Et Dieu benissant nostre Prince
Fera viure en paix sa prouince,
Et luy impartissant sa grace
Il chassera de place en place
Ses ennemis de deuant luy:
Car mettant en Dieu son appuy.
Mais c'est par trop long temps m'estendre
Personne ne sçauroit comprendre,
Les malheurs la peine & les maux
Les esclandres & les trauaux,
Qui se fondent sur nostre France
C'est en vous on nostre esperance,
La Nauire & son Ancre a mis
C'est vous inuincible Louys,
Qui pouuez dessus vn sceptre
Mettre le Royaume en son estre,

Face le Ciel que vostre terre
Apres les fureurs de la guerre
Dessous la faueur de vos rais
Demeure en paix pour tout iamais.

*Beatus vir qui inuentus est sine macula, & qui post aurum non abyt nec sperauit in pecunis thesauris, quis est hic & laudabimus eum? fecit enim mirabilia in vita sua.* Ecclesiast. c. 31. v. 8. 9.

FIN.

# LE
# CLAIR-VOYANT
## DE
## FONTAINE-BLEAV.

*M. DC. XXIII.*

mſ
la c
voi
res
ſen
ay
eſp
a de
de n
glei
nou
preſ
cor
clai
qui
emi

# LE CLAIR-VOYANT de la Cour.

SIRE,

S L'abbus & le desordre s'est tellement insinué dans les estenduës de vostre Empire, la corruption est maintenant si enracinée en vostre Estat, que si dans le milieu des guerres & esmotions intestines, qui bouleuersent vostre Royaume, vous ne vous efforcez d'y porter vn prompt secours (comme nous esperons) ceste Monarchie tire grandement à decliner, & ne promet qu'vn catastrophe de malheurs; car s'il est permis de nous reigler aux augures que nous en voyons, si nous vouions auec les anciens des sinistres presages que nous auons veu & voyons encor; tirer les asseurances funestes de nos esclandres, il ny a rien en ceste Republique qui ne nous fasse toucher au doigt le renuersement & la ruyne de sa grandeur: Car tous les effects qu'on peut remarquer en la decadence d'vn Empire se lisent en gros caracteres sur le front de vostre Royaume.

Les Monarques n'ont qu'vn temps, on les void fleurir en leurs commencemens, puis par le succez des années, le temps, pere des changemens, consume leur grandeur, & semblent que les faueurs que la fortune leur prodiguoit, ne seruent qu'à bastir leurs ruines, & edifier leurs tombeaux.

L'accroissement d'vn Empire, ne releue que de la cheute & decadence de l'autre, sort qui contrebalance ses dons, ne peut rendre l'vn florissant, s'il n'abaisse l'autre dautant plus bas que le premier, à vn ascendant aduantageux sur l'horison du second.

La France, entre toutes les Monarchies de la terre, s'est tousiours maintenuë florissante, & à tousiours partagé le premier rang & le premier degré, maintenant elle sembleroit changer son estoc, si la seule esperance qu'elle à en vostre Maiesté ne la retenoit car tous les fondemens sur lesquelz les Empires & Monarchies ont subsisté, & establies sont sapés, rompus, & ruinez en vostre Royaume, les membres sont mutilez & rompus, & l'vnion qui lioit si estroitement ce corps, & qui le rendoit fort & puissant, contre toutes les machines de ses nemis, est maintenant disiointe & annihilées.

La France est vn composé, & vn corps, duquel vous estes le chef, ses organes & membres, les plus signallez sont les trois Estatz, à sçauoir le Clergé, la Noblesse, & le Peuple, liez & entre-vnis par ensemble, d'autres membres, comme de la Iustice, de l'obseruation entiere des loix, & des commandemens de ses superieurs, de la concorde qui doit regner entre voz subiects, de la reuerence portée à l'Auguste Maiesté de vostre nom, de la punition & vengeance donnée aux crimes, de la recompence donnée aux merites, & actions genereuses du soulagement du peuple, du soin de son repos, & pour le dire en general, du bon reglement donné à toutes choses qui concernent les affaires de vostre Royaume, tant en la Iustice qu'en la police, & au manimét des finances.

Si maintenant nous faisons vne reueuë par tout ces pointz, & que d'vne meure consideration nous regardons sur tout ce qui se passe en ceste Monarchie, nous y verrons vne corruption par tout, excepté en vous, SIRE, qui estes le seul ancre & l'asile, où nostre esperãce attache ses destinées: le chef s'est tousiours conserué sain & sauue parmy la mutilation & pourriture des membres inferieurs, & de tant de malheurs & d'encombres, c'est vous qui en auez soustenu & soustenez tous les iours toute la fatigue pour y remedier.

L'Eglise à perdu sa premiere splendeur, le Clergé à perdu son lustre, la Noblesse qui de l'esclat brillant de ses rares actions, triumphoit autrefois de tout l'vniuers, se voit attiedie de ces premiers boüillons, ce n'est que falcification & meslange, & le peuple troisiesme cordre, qui deuroit exciter vne douce harmonie dans c'est Estat, est vne Hydre furieuse à plusieurs testes, sans crainte n'y reuerence des loix.

Pour entrer en carriere, commençons par l'Eglise, qui deuroit estre la mieux gouuernee, vous auez, Sire, en l'estenduë de vostre Couronne, deux sortes de Religions contraires, contraires en doctrines & enseignemens, desquelz vous permettez l'exercice, puis-que le temps le veut ainsi, & toutefois si l'vne en son essence n'a aucune forme d'Eglise, ny de saincteté pour estre la pepiniere de tous les maux qui ont inondé sur la France, depuis cent ans : l'autre qui deuroit estre la demeure & l'asile des vertus, la gloire de c'est Estat, & le soustien de vostre sceptre, n'a pas moins laissé aliener de sa premiere splendeur. Ie n'estendray pas icy mon discours, sur celle qui se dit Reformée. (Car les armes qui iustement vous auez pris pour punir ces reuoltez, me produiront en autre lieu occasion d'en parler) mais i'entend parler de la Catholique, Apostolique, & Romaine, que vous auez trouué auec la succession de ceste Couronne, depuis Clouis.

S'est il iamais veu Siecle où elle ait eu moins de vigueur, ou elle eut esté moins honorée, ny plus mal administrée qu'au temps ou nous respirons, la raison en est formelle, c'est d'autant que la plus grande partie de voz subiectz, chancellent dans la diuersité des Religions, n'en ont pas vne bien asseurée, & ne sçauent ou s'acrocher, iouxte aussi que les Ministres de l'Eglise sont personnes ignorantes, vicieuses & auares, & que les Archeueschez, Esueschez, Abbayes, Prieurez, Cures, Chappelles, Chanoines, & autres dignitez Ecclesiastiques, sont mal, & indignement distribuées, on les donne, on les vend, on les achepte, les femmes en ont la meilleur part, & les incapables en sont tousiours les mieux fournis, tout le monde se pouruoit aux dignitez Ecclesiastiques, on brigue les charges pour les enfans mesmes qui ne sont pas encor au monde, & desquelz on ignore le sexe, le principal abus qui domine en ce lieu est la simonie, & venalité des benefices, souz vn Breuiaire de cinq cens escus, mille escus, & six milles di- ures, on vendra vne Prieuré, vne Cure, vne Abbaie, encor ce qui est d'auantage à deplorer, c'est que les Princes & grands de la Cour tiennent auiour-d'huy tous les Benefices de France, plusieurs Gentils hommes par droict de bienseance s'aproprient les Benefices de leurs terres, en depossedant les anciens Ministres & Curez, les chassant ignominieusement pour en mettre d'autres à leur fantasie, & partager auec plus de facilité l'vsufruict qui en prouient, de maniere que les Eglises estans desnuées & destituées de leurs vrais Pasteurs, & Princes de l'administration des choses sacrees, que peut on esperer qu'vn comble d'infortunes, & qu'en bref il n'y aura en France aucun Euesché, Abbaye, Cure ou Prieuré, qui ne puisse monstrer ses tiltres & aduantage que dedans le fourreau de l'espee d'vn soldat, puis qu'ils sont les premiers à partager les charges.

Le troisiesme mal qui en peut reussir, est que la parolle de Dieu, n'est enseignée en plusieurs endroictz que par maniere d'acquict, cela diminue autant de la crainte que nous deuons porter à ce diuin Monarque, & est cause que le mespris que nous faisons

Pasteurs de l'Eglise & de la discipline ordinaire priue la pluspart de la vraie doctrine de la parolle de Dieu, qui n'estans exercez en la certitude d'aucune religion, deuiennent Atheistes & libertins, lachans la bride à toutes les considerations qui pourroient les ramener au vray sentier de la vertu.

Le luxe & la superfluité qui se trouue aux gens d'Eglise: est encor vn creue-cœur à plusieurs qui voient à regret tant de parades, où l'on ne deuroit porter que de l'humilité. Ie serois trop prolixe, SIRE, si ie m'arrestois à vne infinité de choses, qui seroient plustost enseuelies sous vn silence qu'engrauées en ce lieu, voila ce qui regarde le premier poinct.

La Noblesse qui est le second estat de la France & le seul bras de voz forces, SIRE, ne tient plus rien de l'ancienne Noblesse Françoise, & de ces genereux Capitaines qui ont buriné leur nom à la conqueste d'vne infinité de païs estranger, ces Nobles de maintenant ne sont que l'ombre des premiers, & ne portent que le masque de Noblesse, sans en retenir les qualitez, la generosité, l'adresse, & l'antiquité: Vn nombre infiny de bonnes & anciennes races, sont perdues, ou par la rigueur des guerres estangeres & ciuilles, ou par autres accidentz sunestes, qui ont couppé la tige & la racine tant de verdoiantes plantes, qui auoient en leur courage sur le front des Prouinces plus esloignées de la terre : les Rotturiers voire mesme les vilains, soit par achapt par alliance, ont pris pied dans les bornes anciennes & s'en sont attiltrez les noms, ont mutuez les armes, s'attribuantz l'honneur que leurs deuanciers par leurs actions signalées s'estoient acquis, bref chacun croit auiourdhuy pour auoir vne espée au costé faire le fendant, & pour estre reuestu d'habit chamarré d'or, estre grand Gentil-homme.

La soye est maintenant si licentieusement portée que ceux mesmes de la lie du peuple s'en seruent, voulantz couurir soubz l'esclat de ce manteau l'obscurité de leurs races & bassesse de leur famille.

Les filles des Marchands ne craindront poinct de depenser six mille escus à vn collier de perles n'y leurs parens ne rougiront de honte de leur donner cinq cens milles liures en mariage, tout le monde se dit maintenant Noble & ce beau nom de Noblesse recompence des grands courages & des plus vaillants guerriers est maintenant prophané par des roturiers, & encor de ceux qui sont au plus bas & dernier estage du Peuple de façon que au lieu qu'au commencement nul ne s'osoit reuestir du nom de Noble, s'il ne l'estoit de race & de temps mesme immemorial, où qu'il ne fust esleué à autre tiltre par vne grace & priuilege special des Roys, qui recognoissant leur fidelz seruices, & le secours qu'ilz auoient presté à leurs maiesté, aux affaires vrgentes, pour recompence de leur trauaux passez, les ornoit du tiltre & nom de Nobles, & leurs donnoient des immunitez particuliers : les fiefs qui sont maintenant communs à tout le monde estoit alors seulement entre leurs mains, qui pour recognoissances & hommages desdites terres & seigneuries, deuoient assister le Roy aux guerres, tant internes qu'estrangeres, où il auroit besoin de leurs personnes, nul alors ne portoit l'espee au costé ny soye sur luy, ny aucunes armoiries, ny l'ordre de cheualier s'il n'estoit Gentil-homme.

Mais auiourdhuy la licence & la corruption est si grande que chacun se veut mesler de porter de l'or, le Castor, la soye, & rabatz de points coupez, ce sont les communs vestemens des hommes de maintenant, les meilleurs fiefs, les terres les plus honorables, les dignitez les plus hautes, sont en la possession des vilains, ils ont l'orgueil au col, les charges militaires sont entre leurs mains, & quant aux marques exterieures qui grauent & marquent souuent la cognoissance des actions qu'on a au dedans, il n'y a auiourdhuy nulle difference n'y distinction entre le Gentil-homme & le routurier, & l'impudence est tellement imprimée sur le front d'vne infinité de vagabonds & courreurs, qu'ilz parlent quelquefois plus hault de leur estre & de leur Noblesse, que ceux qui peuuēt monstrer vne grande ligne de ces ancestres Nobles, & vne suitte de plusieurs marques de sa valeur & faits d'armes.

Chacun veut estre estimé filz de la vertu (qui est mere de la Noblesse) & peu s'estudient a faire les actions que la vertu commande, & re pourquoy la Noblesse a esté instituee. Celle d'auiourd'huy est confuse & meslee, ce n'est qu'vn vray chaos, & vn meslange parmy eux, plus adonnees aux vices qu'a suiure les traces de la vertu, & du vray honneur, de façon qu'il semble à ce Gentilhomme que le vray charactere de sa gentillesse est de faire vne mine brauache, d'estre bien vestu de soye, de dependre son bien en habitz, de courtiser les ieunes Damoiselles, de faire l'amour, de blaspemer & de renier, de mesdire & calomnier les actions d'autruy, d'innouer des debatz, de faire des querelles de viure en insolence, de battre le paysant, de sa terre, de prendre ses moyens, & d'vsur-per ce peu dont la nature la fauorisé, de le faire trauailler sans payement, de le tenir comme esclaue, de se conuertir en Luxu-re, de se ruiner, & s'engager sur les mar-chands, de renier ses debtes, de battre, ou-trager & menacer ces creanciers, de voler brigander & pillier, de s'emparer des terres & possessions de ces voisins, de consumer ces iours en procez, de conduire ses actions par toutes sortes de violence, & en somme pour le faire court d'exercer tous vices & cru-autez.

Ce n'est plus ceste ancienne Noblesse de France, dont la renommee n'a peu & ne pourra iamais estre estoufee de l'oubliance, ce n'est plus ce courage indefatigable aux trauaux. Ce ne sont plus ces esprits solides, ces meurs iugemẽts des autres siecles. Bref ce n'est poinct ceste Noblesse instituee iadis des Roys pour conseruer ses subiectz & Vassaux des iniures publicques & particulieres & or-donnee pour l'exercice des armes, tout pour la conseruation & deffence de la Religion Chrestienne que de sa patrie au seruice de son Prince: Ains cest vne Noblesse meslée & & corrompue, composée de pieces rapor-tees, qui se sequestrent & separent du Chef, qui est vostre Maiesté, & du maniment des affaires pour s'addonner à l'oisiueté, & viure dans les langueurs d'vne morne & solitaire paresse. La chasse, l'ignorance, & l'insolence, sont les trois parties qui composent ce corps oisif, & qui ont pris la place des Armes & des lettres, dont iadis les ames des Nobles estoient esgallement cultiuees.

Les Poëtes n'ont en vain graué en leurs escritz que la Deesse Minerue courtisoit en esgal amitié & contrepoix, les armes & les sciences, veu que ces deux parties se retrouuantz en vn corps font vn harmonieux accord, qui produict des effectz admirables, tousiours les lettres ont compagnie auec les armes, l'on produit les inuentions auec iugement que l'autre execute auec force & prudence, & au lieu qu'il n'y à personne en c'est estat, principallement entre les Nobles, qui doiue dauantage, & à plus iuste tiltre embrasser ces deux vertus, ce sont les premiers à les mespriser, pourueu qu'ilz sçachet bien voltiger, monter à cheual, auoir bonne prestance, ioüer du Luth, voila leurs exercices ordinaires, ilz sont au sommet de leur desirs, pauure gens qui se repaissent des choses basses & abiectes, auec plus d'auantage, vaudroit il bien mieux embrasser leur premier estre & cheminer dans les sentiers de tant de valeureux guerriers, qui se sont acquis vn los immortel, & maintenant que vostre Maiesté se porte aux hazards & perils les plus dangereux, y deuroit-il auoir vn Gentilhomme dans l'estenduë de voz terres qui ne vous offrit son seruice, ou s'il ne vous peut accompagner, qui ne fournit a tout le moins vn homme capable de tenir sa place, Mais passons outre, plus ie considere ceste partie, plus les playes me semblent incurables, sinon que vostre Maiesté y apporte la medecine & le remede qu'elle seulle y peut apporter.

Le Peuple, né & ordonné pour le trafic: pour le commerce, pour le labourage, pour le payement des impositions, mises, d'aces tributz, & distributions des deniers, marchandises, & fruictz du Royaume ne se messe plus de cela. Ce sont des actions trop basses pour plusieurs, qui par la lience impunie des longues guerres, & par le mauuais ordre qu'on y à laissé glisser, se sont laissé trainer au chariot de leurs propres passions.

La pluspart se couurent & masquent du tiltre de Gentilhomme, portant les armes s'attribuent droict de chasses, commencent à vouloir secouer le ioug de l'obeissance qu'ilz vous doiuent, ilz denient le respect qu'ilz doiuent porter à leurs souuerains &

seigneurs particuliers. Ceux des champs viuent tousiours dans les procez, reuoltes, mutineries; enuie, & querelles, le peuple des villes n'est remply que de fureurs, que de guerres, les marchandises demeurent, le trafic general de toute vostre Royaume (qui autrefois estoit vn des principaux nerfs de c'est Empire) est mesprisé, les guerres, les subsides les imposts extra-ordinaires bouchent le passage aux Estrangers: Le peuple des champs est ruiné & mis à sec pour les nouuelles tailles subsides & excessiues exactions, surcreus & charges, dont il est abastardy. La nouueauté des offices, l'inuention de tant de nouueaux Edictz, que ceux qui sont autour de voz oreilles ont imaginé, le agraues & oprimes tout à faict, il est consommé mangé & dissipé par telle licence, il est renuersé par l'arragance de la Noblesse, il est ruiné par les extorsions furieuses de la guerre, bref il n'y a lieu en ce corps qui ne soit deffiguré, mutilé, gasté, pourri, & corrompu.

Les gens de la iustice par leurs chicaneries les rongent & les rendent improppre à vous pouuoir tesmoigner par effect, ce qu'ilz ont uent dans le cœur, pour vostre seruice. Quelle Prouince y a il en c'est estat qui soit demeurée entiere?

Quel

Quel asile de franchise, quel tiltre de seureté peut-on trouuer en c'est Empire ou la reuolte n'eust planté ses estendars. Le Languedoc, Viuaretz, Poicton, Saintonge & autres parties, sont maintenant tout en friche, & ce, nõ point par leur propre faute mais de celles de leurs voisins, qui se sont mis & resserrez dans les villes fortes & puissantes pour s'opposer en vain à la iustice & equité de voz armes, le plat païs est demeuré sans semence, les pauures laboureurs ont esté contrainctz de quitter & abandonner leur terre, de laisser leur possession à labry des coups de la guerre & de la fortune, vne infinité de familles sont descheües & ruinée de leur propre nature, puis qu'ilz ont voulu leuer la teste contre vos loix & vostre authorité puissante.

La iustice qui iadis souz l'esclat brillant de son auguste pourpre faisoit admirer tout l'vniuers est maintenant grandement despouillée de sa premiere splendeur, Elle qui deuoit estre le frein, le lien & la chaisne qui deuroit vnir ces trois Estatz, & brider leur insolence, si le vice s'insinuoit est maintenant de beaucoup alteree & changee: on ne luy voit plus que le dehors, & la superfluité exterieuse, Mais le dedans est anneanty, la robbe luy est demeurée seulement non les effectz n'y les executions, car si des yeux de l'intellect nous y iettons nos conceptions, nous verrons qu'elle est vendue au poids de l'or, où donnee par faueur & haine, non pas que ie veuille taxer en general, ie ne parle que de certains particuliers, qui pour cent escus tourneront leur casaque & iugeront des procez au grand dommage de celuy qui à le bon droit, mais l'abbus qui si est installé principallement, c'est que ce iourdhuy pourueu qu'on aye cinquante mille & soixante mille liures on aura vne bonne charge, non pas vne des premieres pourtant, car il y faudroit bien employer cinquante où soixante mille escus.

L'argent est le promoteur qui esleue & guide le plus incapable & inexperimenté au plus haut sommet des dignitez & charges publicques. C'est luy qui ouure l'entrée des chambres souueraines à toutes sortes de personnes, de façon que ce qui deuroit tenir les estatz en bride à besoin de chaisnes pour refrener ces particuliers intemperemens. L'ignorance s'est insinuee au throsne de la sagesse, le vice c'est guindé au feste & au coupeau du tertre de la iustice, les actions qui meritoient des Lauriers ont esté couronnees de funestes Cypres, & ce par l'imbecilité de certaines personnes qui ont pris le gouuernement des choses qui concernent le public: Tout le monde est colloqué & paruient aux offices des Parlementz par l'argent, qui acheptans leurs estatz en gros ilz sont souuentefois contrainctz de vendre & engager leurs consciences en detail, & de ruiner le peuple.

Vne des principalle corde qui deuroit concurrer à l'armonie & accord de ces trois estatz est l'amitié & l'vniō qui deuroit estre parmy les cœurs de vos suiectz, vnion qui deuroit ioindre leur bien-veillance pour vous assister à vne si haute & si heureuse entreprise, mais l'ambition de plusieurs qui sont en voztre suitte, la diuersité des mœurs & des religions, la ialousie & enuie d'vne infinité de Capitaines & Grands de la Cour, qui disputent entre-eux pour des places & pour le rang qu'ilz doiuent tenir. L'enuie qui entretient la dedans, la desunion des espritz, la resolution de plusieurs, ont tellement aigry alteré & changé les volontez, les affections & les cœurs de voz fidelz seruiteurs qu'on ne voit maintenant, que discorde, que debat, que noise, que querelle, que contention, que repugnance entre-eux, ils n'ont aucune affection ny reuerence à voz Edictz, ny au sainct nom de vostre Maiesté Royale, qu'ilz deuroient honorer comme vn Palladium sacré, lequel estant mesprisé tout le Royaume perd son honneur.

Ie n'effleure icy qu'vne partie des abbus & des corruptions qui ont pris pied dans l'estendue de c'est Estat, toutes ces corruptions que i'ay descrites selon la verité, en ont engendré vne infinité d'autres, ausquels il est besoing d'apporter des remedes conuenables, remede qu'vne prudence fera plustost n'aistre en vostre ame, que non pas vne action impreueuë, car Chirurgiens en toutes les maladies n'apportent pas tousiours les ferrements, ils espreuuent les moiens les plus doux, puis quand ils voient qu'ils ne seruent de rien, ils se seruent d'instruments plus rigoureux. Vous auez taché iusques icy (SIRE) à apporter prudemment à vos Estatz le plus doux remede que vous auez peu excogiter, pour le reintegrer en son premier estre. Mais voyant que les douceurs plus que diuines de vostre clemence, ne pouuoiet rien prattiquer en cecy, vous auez fait par la rigueur des armes, ce que vous n'eussiez pas fait par vostre bonté naturelle, qui n'a rien degal en ce monde.

Vous fistes l'an passé paroistre à ces redoutes Aquilons, de quelle fureur s'anime vostre genereux courage, vous fistes voir à la face de leur impudente effroterie, combi vous haïssez les monopoles & les partialitez, qu'vne mutine rebellion fait esclorre en vn Empire, & maintenant que vous reprenez les mesmes courses, qui est-ce des François qui ne prenne pour pronostication & augures de quelque chose de grand, ces primices de guerres plus qu'admirables? Ce pendant toute sorte de vices de crimes de licences & de cruautez reignent en vostre Royaume. La Iustice qui est comme l'oracle des Roys, & par laquelle ils se communiquent au Peuple, n'y est pas bien administree en diuers lieux, les bonnes loix sont mesprisees, voz commandements & voz Edictz n'y sont pas obseruez.

Ceux qui ne deuroient auoir autre soing que de les faire obseruer, comme estans annoblis des grandes & importantes charges, par lesquelz ils prennent pouuoir sur voz subiectz, n'en veulent plus prendre la peine & la fatigue, ains pour maintenir leur grandeur, irritent vostre peuple, à l'irreuerence & desobeissance de vos commandemens, les crimes & malfaictz ne sont punis, on laisse les larrons venir iusques aux portes de Paris, on permet & tollere mille sortes d'estrangers en vostre Royaume, & dans vostre ville Metrapolitaine. Les Archers mesmes de ceux qui y deuroient soigner en sont les premiers partisans, si quelqu'vn à contreuenu contre voz loix, & contre la rigueur de vos Edictz, la grace & la faueur luy est tout à l'instant donnee, les iuges & les iugements opinent de son costé, cela fait que chacun laisse aller ces passions, & lache la bride à ses propres fureurs, pour engendrer des querelles, donner des cartelz, pour des friuolles, & choses de peu d'importance. Le Gentilhomme vse de toutes sortes d'insolence, la Noblesse est abatardie, les vilains aduancez, les honneurs & les biens ne sont pas donnez aux vertueux, ains aux vitieux & importuns qui suiuent vostre Cour, les charges & offices sont mal distribuez, l'Eglise est mal contente, la Noblesse irritée, le Peuple foulé & trop licentieux, les estrangers ont escumé tout le reuenu de c'est Estat. Les inuentions de ceux qui vous conseilloient trop souffertes, les mœurs des François trop debordées leur foy a perdu son lustre, ce n'est plus que brigandage, les marchands sur-font & sur-croissent leurs d'enrees, on ne croit plus à leur parolles, la discipline militaire par la negligence de vos Capitaines, se perd de iour à autre. Tout le soing des soldats est de pillier les pauures villagois, au lieu de s'adresser aux plus rebelles. Le luxe des mœurs, des habitz, des viandes & delicatesses, vostre Conseil est trop remply de gens, vostre Cour est trop plaine de factieux, l'vn veut auoir l'auantage, l'autre la pointe, l'autre l'arriere garde & cependant les affaires demeurent, Quant à vos finances elle passent par trop de mains, l'or est comme de la poix qui laisse tousiours quelque particule dans la main de celuy qui le manie, on ne void que Tresoriers en France, la fraude y est tellement entree qu'vn homme tout nud en moins de quatre ou cinq ans, se trouue riche de cent mil escus, pourueu qu'il entre dans les finances.

Bref pour couper court toutes choses sont desreglees en vostre Royaume & les affaires en mauuais estat, mais vostre prudence y sçaura bien remedier deuant qu'il soit peu de temps.

L'authorité, le rang & la charge que vostre Maiesté m'a donné parmy vos plus fidels sujectz m'animent & m'enflamment à vous faire veoir ce que ie sentois de c'est Empire, & en vain vous aurois-ie declaré tous les abbus & les desordres qui y sont, si comme vostre tres-affectionné, tres obligé & tres-obeissant suject, ie ne venois à descouurir aussi les remedes qu'il faut apporter à ceste playe & les medicaments par lesquels on doit fomenter ceste maladie.

A toutes ces corruptions, SIRE, il faut donner vn bon reglement & remede & changer entierement la face de ceste monarchie auec rigoureuses ordonnances & Editz, car si vous en faites quelque doux & particuliers, comme vostre clemence vous porte plustost à la douceur qu'à la rigueur & punition, & que ne les fassiez obseruer ils ne seruiroient de rien non plus qu'à vn corps corrompu, gasté & plein de toutes sortes de maladies, rien ne profiteroit d'ordõner quelque legere medecine à vn homme grandement malade au dedans, veu qu'au lieu de purger, resoudre & consummer toutes les mauuaises humeurs elle ne feroit que les souslever & esmouuoir sans les ietter dehors.

Le premier & le plus souuerain remede qu'on puisse applicquer, est de donner opinion a tout le monde que vous voulez auec rigueur que vos commandemens soient obseruez, que vous n'vsez point en cela de dissimulation, que vous voulez exercer la Iustice, que vous voulez regner par elle, purger vostre Estat des corruptions qui y sont, entendre a voz affaires, ouir les requestes & doleances d'vn chacun, & assister quelquefois à voz conseilz, comme vous auez heureuse seulement pratiqué depuis la mort de Luynes.

Et affin que toutes les charges de vostre Empire soient distribuées à gens de merite & de reputation, donnez les charges Ecclesiastiques, à personnes de bonnes mœurs, & signallez plustost par la doctine que par l'extraction de leur race, les militaires à Gentilhommes & Capitaines de bon lieu, & de bonne renommee, donnez les Estatz de la Iustice à gens de bien & de sçauoir, mettez le maniement de vos finances entre les mains des Gentilhommes, & chassez entierement ces harpies qui les desrobent, falsifient, & billonnent pour les offices. Si nous estions en paix vostre prudence les deuroit plustost distribuer à personnes de merites que de les vendres, mais la necessité des affaires le requiert ainsi.

La fin de la guerre apportera vn nouueau changement, pource qui regarde vostre Conseil establissez-en vn bien composé, n'y admetez que les hommes signalez & experimentez où en guerre où en maniment des affaires comme vous auez fait tres prudemment, mettez y des Gentilshommes, n'y receuez des indignes, n'y des importans, ne croiez que les sages, fidelz, & auisez & faites vne eslite d'eux.

En vos autres actions faicte eslections & differences de ceux qui meritent quelque chose, à ceux qui ne meritent rien du tout, ostez les factions, brigues, menees, jalousies & corruptions de la Cour, donnez les charges selon les merites, & non pour les importunitez, souuenez vous des absens, contentez estimez & cherissez la Noblesse de vostre Royaume, ne prestez l'oreille aux flatteurs, medisantz & faux rapporteurs, refformés par bons exemples editz & ordonnances, les mœurs desbordees qui regnent, principallement en vostre Ville de Paris, punissez les blasphemes, les meurtres & les desordres, qui renuersent c'est Estat, deffendez les soyes & le luxe des habillementz, moulez & patronnez voz reglements & constitutions aux anciennes ordannances de voz predecesseurs qui ont esté faites par le reglement de la police, de la Iustice & des finances de vostre Roiaume, & en somme, SIRE, composez vous à toutes les actions d'vn grand Roy, & puisque vous estes le plus grand Monarque de la terre, suiuez heureusement le chemin que vous auez commencé.

Continuez nous & à toutes vostre Noblesse en general l'amitié & la bien-veillance que vous nous auez tousiours tesmoygné, cherissez vostre peuple qui brusle d'vn desir ardent, de se sacrifier pour vostre seruice, remettez l'Eglise en sa splendeur, la Noblesse en sa dignité; vostre peuple en repos, vostre Royaume en seureté, & pour rendre vostre nom admirable aux estrangers, faicte ceste annee qu'il n'y ait Ville en c'est estat qui ne flechisse souz le iouc de vostre obeissance.

Apres que par la fureur de la guerre vous aurez fait naistre les doux zephirs de la paix, assemblez vos Estats & entendez les remonstrances de voz fidelz subiectz comme depuis mille ans on à tousiours veu practicquer en vostre Royaume aux vrgentes difficultez & affaires, dont il estoit agité.

Ceste conuocation sera d'autant mieux authorisee, qu'en ce lieu on pourra auec plus de facilité remedier à tous les desordres qui ont pris accroissement en ce Royaume.

Faicte vn reglement sur vos finances qui sont brigandeés volées comme i'ay peu recognoistre lors que i'estois a Paris, diuisez les comme ont faict voz deuanciers, les vnes à vous entretenir & les autres au payement des charges de vostre Royaume, vos ancestres viuoient iadis de leur domaine & d'iceluy faisoient leurs liberalitez & leurs despences volontaires, i'en peux tesmoigner comme vn des plus experimentez en cecy, & faiſoient les guerres des deniers des aides, & paioient la gendarmerie ordinaire de la leuee des tailles, on à veu vn François premier auoir quatre armee ſur pied, ſans toutesfois faire aucune nouuelles creuës ou impoſitions de ſubſides (auſſi y auoit il alors plus de fidelitez entre les Treſoriers) on viuoit plus heureſement & ne mettoit on tant d'impoſitions ſur la communauté comme on à inuenté depuis.

La Nobleſſe & le peuple ſont les deux colonnes d'vne Monarchie & d'vn Roy, la Nobleſſe deffend de ſes armes, & le peuple le nourriſt de ſes moyens, il faut aymer le Clergé, careſſer & cherir la Nobleſſe ſouſtenir & deffendre le peuple &, les lier tous enſemble, par la Iuſtice qui eſt la ſeule vnion de voz ſubiectz.

FIN.

## *Vers Acrostiche sur le Nom du Roy.*

*La Force, la Iustice, Temperance, & Prudence,*
*Ou la foy des ayeuls, charité l'esperence,*
*Verra ce nom florir, aymer des bons François*
*Iusque dans vn Empire & le pays Gregeois.*
*Son seiour fera voir au Ciel sa recompence*
*D'vn laurier couronné malgré toute l'outrence*
*Enuieuse de voir ce tyge qui florit*
*Bannira les mutins & les fera courir.*
*Outre & par de là les mers & les campagnes*
*Voyans ces bons subiets qui par tout l'accompagnes*
*Recognoissent leur Roy pour l'aymer & seruir*
*Bannissant tout discord hors le pays de France*
*On Verra la Noblesse luy rendre obeyssance*
*N'oubliant leur deuoir prest à le secourir.*

# L'ARION.



MDCXXIII.

A

Q
D
P
F
E
L
G
I

# LE POEME D'ARION DEDIÉ A MONSEIGNEVR LE DVC DE MONTMORENCY.

LES sens pleins de merueille, & saisis d'allegresse
I'entreprens de chanter ce beau Chantre de Grece,
Qui malgré la rigueur des farouches Nochers
Dont les cœurs en la mer sont autant de rochers,
Passa sur vn Dauphin l'Empire de Neptune,
Fit de son aduenture estonner la fortune,
Et reuit ondoyer, par vn decret fatal,
La fumée à flots noirs sur son vieux toict natal.
Grand Duc, Grãd Admiral, ornemẽt de la Frãce,
De qui les hauts exploits surpassent l'esperance

Qu'en tes plus tẽdres ans tout le monde eut de...
Braue Montmorency, de grace eſcoute moy;
Eſcoute ces accords qu'Arion te dedie,
Contemple vn peu ſon Lut, gouſte ſa melodie,
Et regiſſant l'Eſtat de l'Ocean Gaulois
Sous le ioug glorieux de nos auguſtes Loix,
Empeſche deſormais qu'vn deſſein ſi barbare,
Qu'eſt celuy que i'exprime en ce ſtile aſſez rare,
Ne naiſſe dans l'eſprit d'aucun des Matelots
Que ta charge inſtituë au commerce des flots.
Quand il ſe vit comblé de richeſſe, & de gloire
Ce fameux Arion, digne de ta memoire,
Qui par les tons mignards d'vne amoureuſe vo...
Doucement alliez aux charmes de ſes dois,
Oſtoit l'ame aux humains pour la donner a...
marbres.
Domptoit les animaux, faiſoit marcher les arb...
Arreſtoit le Soleil, precipitoit ſon cours,
Prolongeant à ſon choix, ou les nuicts, ou les iou...
Reueilloit la clemence, endormoit le tonnerre.
Abbaiſſoit la fierté du Demon de la guerre,
Et banniſſoit des cœurs qui s'approchoient de lu...
Meſme au fort des tourments, la douleur & l'e...
nuy;

*Vn naturel desir de reuoir sa Patrie,*
*Où l'on le reueroit auec idolatrie,*
*Flattant ses sentiments en ce lointain seiour*
*Le vint solliciter d'y faire son retour.*
*D'ailleurs estant mandé du sage Periandre*
*De qui le seul vouloir l'y faisoit condescendre,*
*Il s'appreste à partir du riuage Latin*
*Pour s'en aller en Grece acheuer son destin,*
*Vse de diligence à chercher vn Nauire*
*Qui tende à la contree où son dessein aspire,*
*En trouue vn de Corinthe à cela preparé,*
*Serre son Lut d'yuoire en son estuy doré,*
*Prend congé, non sans pleurs, bienqu'entre-meslez d'aise,*
*De ses plus chers amis, les embrasse, les baise,*
*S'embarque en leur presence, & par vn long adieu*
*Tesmoigne du regret d'abandonner ce lieu.*
*On leue aussi-tost l'ancre, on laisse cheoir les voilles,*
*Vn vent frais, & bruyant donne à plein dans ces toilles.*
*On inuoque Thetis, Neptune, & Palemon,*
*Les Nochers font iouer les ressorts du Timon,*
*La nef seillonne l'eau, qui fuyant sa carriere,*

Court deuãt, & tournoye à gros boüillons derriere,
Le peuple de Tarente arrangé sur le port
Souhaitte que le Ciel luy serue de support,
En fait cent mille vœux, & la perdant de veuë,
La contenance morne, & l'ame toute esmeuë,
S'en retourne au logis, comblé d'vn dueil amer,
Tournant à chasque pas la teste vers la Mer.
Auec quelles couleurs, quels traits, & quels om-
brages,
Representant au vif les plus mortels outrages
Muse, despeindras-tu l'enorme trahison
De ces maudits Nochers infectez du poison
D'vne aspre conuoitise en leur sein allumée,
Qui poussant dans leur ame vne espaisse fumée
La peut rendre si noire, & leur fit machiner
Ce qu'on ne peut sans crime encor imaginer?
Bons Dieux! de quel courroux fut la mienne saisie
Quand on me recita l'horrible frenesie
Qui porta ces voleurs contre ce Chantre sainct;
Et de quelle pitié me vis-ie à l'heure attaint:
Iamais Polymnestor ce lasche Roy de Thrace,
Qui de la triste Hecube accomplit la disgrace
Ne sembla si coulpable aux Troyens malheureux,
Lors qu'vn iniuste sort trop acharné sur eux,

O spectacle cruel ! leur liura Polydore,
Couché mort sur la riue & tout sanglant encore
Des coups que ce bourreau pour auoir ses tresors,
En meurtrissant sa foy, luy donna dans le corps.
Des-ja le prompt effort d'vn gracieux Zephire
Auoit bien loing de terre emporté le Nauire,
Et desia pour obiect qui s'offrist à ses yeux
Arion n'auoit plus que la Mer & les Cieux,
Quand ces fiers Mattelots, ces perfides courages
Qu'vn vil espoir de gain abandonne aux orages,
Qui sont le plus souuent bien moins qu'eux inhu-
mains,
Au dessein de sa mort apresterent leurs mains:
Mais luy qui s'apperceut de leur brutale enuie,
Desirant celebrer le terme de sa vie,
Comme le Cygne faict lors que d'vn cœur constant
Les bornes de la sienne il predit en chantant:
Prend ses plus beaux habits, ses temples enuironne
D'vn Laurier immortel en guise de Couronne,
Et se voyant couppé tout chemin de salut,
Pour la derniere fois s'emparant de son Lut,
Leur dit d'vne parole assez haut prononcee,
Que certains mouuements induisoient sa pensee
A prier Apollon qu'il les vint proteger,

Preseruant par son soin leur vaisseau de danger;
Que pour vn tel sujet il sçauoit vn Cantique
Qu'il auoit fait luy mesme en fureur poetique;
Et que si de l'entendre ils prenoient le loisir
Ils en receuroient tous & profit & plaisir.
Ces traistres à ces mots, reprimans l'insolence
Qui pousse leurs esprits à tant de violence,
Remettent à la nuict l'heure de son trespas
Pour ioüir de ce bien qu'ils ne meritent pas,
Cachent d'vn beau semblant vn effroyable crime,
Approuuent son dessein, le disent legitime,
Par de grossiers discours l'inuitent à chanter,
Et s'imposent silence afin de l'escouter,
Alors jettant les yeux sur la face de l'onde,
Où l'on voyoit glisser leur maison vagabonde,
Il reclame en son cœur toutes les Deitez,
Qui ces gouffres marins rendirent habitez,
Accorde bien son lut, en ajuste les touches,
L'essaye auec sa voix, dont il esmeut les souches,
Puis montant sur la pouppe en superbe appareil,
Profere ces propos, tourné vers le Soleil,
O le plus beau des Dieux, & le plus adorable,
Toy, qui par ta valeur, aux mortels fauorable,

Vainqu

Vainquis l'affreux, serpent, indigne de tes coups,
Helas ! prend soing de nous !
Phebus ! que les neuf Sœurs recognoissent pour Maistre,
Prince de la lumiere, à qui tout doit son estre,
Grand & nompareil Astre aux flamboyans cheueux,
Sois propice à nos vœux !
Supreme Deité, dont les sacrez Oracles
Dans le Tẽple de Delphe annonçẽt des miracles
Seul arbitre du temps, qui sans toy ne peut rien,
Trauaille à nostre bien !
Dissipe la fureur de ces noires tempestes,
Que le mal-heur prepare à foudroyer nos testes:
Et pour nous retirer de la nuict du tombeau,
Preste-nous ton flambeau.
Nous sommes bien certains qu'Eole te reuere,
Si ta faueur l'ordonne, au lieu d'estre seuere,
Il monstrera pour nous autant d'affections
Que pour ses Alcyons.
Il calmera les flots que son scepte gouuerne,
Enchaisnera Borée au fond de sa cauerne,
Et laissera courir Zephire seulement
Sur ce vaste element.

Il n'auoit pas encore acheué son Cantique,
Que le Soleil se plonge en la mer Atlantique,
Que le Peloponese appar oit à leurs yeux,
Et que l'obscurité leur desrobe les Cieux.
Soudain que ces accorts sur les eaux s'estendirent,
Mille & mille poissons en foule se rendirent
Autour de ce vaisseau, mais sans bruit toutesfois,
Pour gouster de plus prés vne si belle vois.
Là, pour l'entendre mieux, l'effroyable Baleine
Aussi bien que les vents retenoit son haleine;
Là, ceux que la nature a fait naistre ennemis,
Et dont les sentiments furent lors endormis,
Sans qu'aucune dispute y semast des alarmes,
Se laissoient peste-mesle attirer à ses charmes.
Là, les eaux & les airs demeuroient en repos
De crainte d'interrompre vn si diuin propos.
Là, le Ciel attentif à ces douces merueilles
Eust bien voulu changer tous ses yeux en oreilles,
En fin l'on y voyoit d'vn & d'autre costé,
Reserué les humains tout plein d'humanité;
Car ces ames de bronze, ô chose bien estrange!
Ces Corsaires cruels que nul obiect ne change,
Aucun traict de douceur ne pouuans conceuoir,
Ny pour tous ces beaux chãts tãt soit peu s'esmouuoir

Les glaiues nuds au poing, inspirez des furies
Qui portent les humeurs dedans les barbaries,
Courent vers Arion d'vn violent effort
Pour luy rauir ses biens, & luy donner la mort.
Le Pilote blasmant leur conuoitise extrême
Qu'il auoit descouuerte en secret à luy mesme,
Se cacha le visage, afin de ne voir pas
De ses yeux innocens vn si cruel trespas.
Comme on voit des roseaux la souple obeyssance
Fleschir facilement sous la fiere puissance
Des Aquilons esmeus soufflans de toutes pars,
Qui pourroient esbranler les plus fermes rempars,
Tout de mesme on voyoit Arion sur la pouppe
Ceder à la fureur de ceste auare trouppe,
Et par des actions pleines d'humilité
Essayer d'attendrir leur dure cruauté.
Mais voyant à la fin qu'il n'estoit pas poßible
De toucher, quoy qu'il fist, leur courage inflexible,
Et ne sçachant non plus en quel lieu se cacher,
Pour euiter la mort, il s'en va la chercher,
Troublé de desespoir se precipite en l'onde
Où la bonté du Ciel bien plus qu'elle profonde,
Permet qu'vn grand Dauphin le reçoiue à l'instant
Et que droit vers la terre il tire en le portant.

Quand ie me represente vne telle aduenture,
Qui semble repugner aux Loix de la Nature,
Ie pense qu'il n'eut pas tant de peur de mourir
Qu'il eut d'estonnement de se voir secourir.
Les Dieux qui font dans l'eau leur mobile demeure,
L'y regardans tomber, & considerans l'heure,
Creurent tous esbahis par vn commun abus
Que Thetis receuoit en son lict deux Phœbus.

Tel que marche en triomphe apres mainte cōqueste
Quelque grand Capitaine, vn laurier sur la teste,
Monté haut sur son char, les trompettes deuant,
Accompagné de peuple à longs cris le suiuant,
De toutes qualitez, de tout sexe, & tout âge,
Qui deuanceant ses pas pour le voir dauantage,
Saute à l'entour de luy d'aise tout transporté,
Admirant sa façon pleine de Maiesté,
Tel estoit Arion sur sa viuante barque,
Son luth entre ses bras, triomphant de la Parque,
Laissant derriere soy les vents les plus legers,
Et brauant la fortune au milieu des dangers.
Les Tritons à l'enuy faisans bruire leurs trompes,
Comme deuant Neptune en ses diuines pompes,
D'vn rang bien ordonné deuant luy cheminoient,
Et de leurs tons aigus tous les Cieux estonnoient.

La Deesse aux trois noms, l'inconstante Planette,
Sous vn voile d'argent se monstrant claire & nette,
Pour le fauoriser fit de la nuict le iour,
Luy descouurant à plein les terres d'alentour.
Tous les autres flambeaux de la voulte Celeste
Laissans toute influence importune, & funeste,
Plus brillans que iamais, sembloient rire à ses yeux,
Et dire qu'il estoit en la grace des Dieux.
Mais entre tous on tient que la Lyre d'Orfée,
De l'amour de son Lut viuement eschauffee,
Ayant de ses rayons tout nuage escarté,
Le resiouyt beaucoup auecques sa clarté.
En vn tel accident qui n'eut iamais d'exemple,
Rauy de son bon-heur, en doute il se contemple,
Croit n'estre pas soy-mesme, & qu'il est trop abiet
Pour de tant de faueurs estre le digne obiet.
Tantost il se figure estre en l'erreur d'vn songe,
Et que tout ce qu'il voit n'est que pure mensonge,
Tantost il prend cela pour quelque enchantement,
Et n'en a pas pourtant moins de contentement:
Toutesfois à la fin il le croit veritable
Iugeant auec raison que le Ciel équitable,
Qui de nostre innocence est le plus seur appuy
Monstroit les doux effects de sa iustice en luy.

Lors pour n'estre accusé d'extrême ingratitude,
Vice qui dans son cœur n'eut iamais d'habitude,
Mille remercimens il en fait au destin,
Luy consacrant sa voix, son lut, & son butin
Pour en faire construire vn Autel à sa gloire,
Où l'on verroit au long de peinte son histoire,
Et pour le confirmer & de l'Ame & du Corps
Sa main au lieu de signe en passe mille accords,
Ses doigts, de plume & d'encre en ce suject luy serue
Les Airs comme tesmoings la promesse en conserue
Le Temps les enregistre, & dit qu'a l'aduenir
Il le conseillera de s'en ressouuenir.

Aux tremblemens subtils de sa main delicate
Sous qui la chanterelle en mille tons s'esclate,
Le Daufin qui sous luy couloit si promptement,
Pour l'ouyr plus long-temps vogant plus lentem[ent]
Nage moins dans la Mer qu'il ne fait dans la ioy[e]
Et descouurant la riue où le destin l'enuoye
Hesite à l'aborder, tant il sent de douceur
D'estre d'vn tel plaisir encore possesseur.

Mais preferant en fin, sans plus le faire attendr[e]
Le bien de le sauuer à celuy de l'entendre,
Il tire droit au port auec legereté,
Et mettant en effect toute d'exterité

Euite sagement les funestes approches
Des bācs, & des escueils, des gouffres, & des roches
Où l'effroy, le peril, le naufrage, & la Mort
Brassent à mainte nef vn déplorable sort.
Arion tout rauy de gaigner le riuage,
Voüant aux immortels vn fidelle seruage;
Regarde autour de luy fourmiller les poissons,
Qui suiuans iusqu'au bord ses diuines Chansons
S'eslancent haut en l'Air d'allegresse infinie,
Et pour prendre congé de sa douce harmonie,
Au plus profond de l'eau tout à coup se noyans
Vous la font rejaillir en Cercles ondoyans,
Se perdans l'vn dans l'autre à mesure qu'ils croissent.
Celuy qui sur son dos l'a soustrait au danger
D'vn faix si glorieux se voulant descharger.
Quoy que par ce moyen de bon-heur il se priue
Plein d'aise & de regrets s'approche de la riue,
Le pose doucement au plus commode lieu,
Et faisant vn grand saut luy semble dire adieu.
Ainsi par vn secours si puissant & si rare
Se voyant mettre à terre au pied du mont-Tenare,
Apres tant de plaisirs à son merite offers
Il trouua son salut aux portes des Enfers.
Inuincible Heros, mon vnique Mecene,

Reçoy ces nouueaux fruicts qui naiſſent de ma pein
Eſtime les vn peu, prens y quelque plaiſir,
C'eſt le plus beau loyer où butte mon deſir,
Et cependant la gloire ordonnant à ma plume
Depeindre tes vertus en vn parfaict volume
Portera ton renom celebré dans mes vers
Plus haut que le flambeau qui dore l'Vniuers.
En fin toute la France à ton bras obligée
Au ſortir des trauaux qui l'ont tant affligée,
Fera mille ſouhaits pour ta proſperité
Et deſirant bien moins que tu n'as merité,
Choſe qu'on voit deſia par vne preſcience,
Attendra comme moy, non ſans impatience,
Que tu ſois quelque iour, fauoriſé des Cieux,
Ce que furent iadis tes illuſtres Ayeux.

S^t. AMANT.

# LE MESSAGER DE FONTAINE BLEAV.

Auec les nouuelles & les paquets de la Cour.

M. DC. XXIII.

# LE MESSAGER DE FONTAINE-BLEAV,

*Auec les nouuelles de la Cour.*

IL y a tantost quinze iours que ie trotte, que ie viens. que ie retourne tantost à pied, tantost à cheual. I'ay esté de Fõtaine-bleau à Paris, de Paris à Fontaine-bleau, quelque part que i'aille, ie n'entens que plaintes qui se forment de tous costez.

Les vns demandent pourquoy la Cour ne reuient point à Paris, les autres s'enquierent si le Roy sera long temps en ces cartiers, autres qui ont le né plus long, fleurent de loin, & preuoient le futur.

Les autres iettent les yeux sur le passé, & desplorent le temps present, l'vn rit, l'autre pleure.

Plusieurs sont à l'imparfait & commencent à coniuguer de mauuaises affaires, les autres ſe mettent à l'optatif, & deſirent auec auidité de grandes choſes qui ne ſeront point exaucees.

Mais il y a vne grande multitude dans Paris qui ſe mettent au conionctif, c'eſt pourquoy ie preuois que nous aurõs bon marché de couſteaux car les manches ne nous couſteront rien, les cornes ſeront en grande affluence.

Au reſte de ce que i'ay peu rapporter à Fõtaine-bleau. Ce ſont les plaintes des Pariſiens qui ſont grandes, le pauure ſe plaint du riche, le riche du pauure, les parties de leurs Procureurs qui pour leurs deuiſes ont pris de nouueau vn Geant nommé Briaree qui a cent mains pour dire qu'ils plument de tous coſtez : mais paſſons cela ſous ſilence, les parties en pourront dire des nouuelles.

Les marchands ſe plaignent auſſi bien que les autres.

Vn bon vieillard qui eſtoit dernieremẽt aſſis ſur le ſueil de ſa porte auec ſes lunettes, ſon couſteau & ſon mouchoir pēdu à ſa ceinture, viue le vieux temps.

Il n'eſt que le temps paſſé diſoit-il, nous n'auions garde de voir toutes ces ſuperfluitez que l'on void maintenant, on ſe leuoit le matin, on ſe couchoit le ſoir, nous n'entendions point tant de rumeurs & viuions dans vn continuel repos, tous les biens du monde nous affluoient, nous ne faiſions qu'ouurir nos boutiques tout le monde entroit dedans.

Comme il diſoit ces parolles, le monde s'aſſembla, & moy ie commençay à retrouſſer mon ſac en eſcharpe pour ouyr ce qui ſe diſoit à Paris, afin que i'en puiſſe rapporter quelque choſe en mon pays.

Vn Frippier fut le premier qui ſe leua, lequel dit à l'aſſiſtance, qu'il voudroit que tous les ans on fit des deffences de porter l'or & l'argent, & qu'il ne fit iamais ſi beau profit, aſſeurant, que deſpuis quinze iours il auoit gaigné plus de cinq cens eſcus à receuoir, & troquer habits ſur l'eſperance que d'icy à ſix mois l'on porteroit l'or comme auparauant : car c'eſt l'ordinaire des Ordonnances, on les garde pour deux ou trois mois : mais par apres on paſſe par deſſus.

Vn de la compagnie dit, qu'il auoit veu les plus belles ordonnances du monde dans le Code Henry : mais que pour le iourd'huy nous eſtions en vn ſiecle ou c'eſtoit aſſez qu'elles fuſſent imprimees, ſans qu'on ſe mit en peine de les garder.

I'euſſe eſté content de m'arreſter plus long temps en ce lieu : mais la faim me preſſoit, & puis deux heures approchoient qu'il falloit que ie priſſe la poſte à pied, & que ie m'en retournaſſe.

Comme ie paſſois par la ruë de la Huchette, i'entendis deux Bourgeois qui s'ētretenoient de diuers diſcours ſur le futur retour du Roy, & l'eſperance qu'on auoit en bref de le reuoir à Paris, accuſans en leurs deuis les habitans de Fontaine-bleau, d'entretenir ſi long temps la Cour.

Mais ſur tout i'admiray vn certain Vieillard qui auoit vne calotte à l'antique, & vn haut de chauſſe fait en façon d'orgues & de ſac à piſtolet, lequel ayant fait deux ou trois tours tout pẽſif, comme retourné d'vn profond ſommeil, commença ces mots que ie mis dans mes tablettes, afin d'ẽ faire mon profit quand ie ſerois à la Cour.

De mon vieux temps, diſoit-il. on n'oyoit point parler de tant & tant d'Edicts que l'on fait & inuente tous les iours, il y a des partiſans aupres du Roy qui n'ont autre choſe en l'eſprit que chercher quelque nouueau ſtratageme pour piller & deſrober l'argẽt du peuple. Ce ſont vrais ſanſues qui ruinent, cautheriſent & gaſtent tout ce Royaume, n'eſt-ce point vne choſe eſtrange, de tant de nouuelles impoſitions & daces, que ces monopolleurs ont inuentez.

Le temps paſſé il n'y auoit que cinquante Procureurs de la Cour, à preſent il y en a cinq cens, & à peine peuuent-ils plumer la poulle l'vn pour l'autre, les plumes & le ſang leur demeure au bout des doigts.

Iadis le Bourgeois eſtoit veſtu ſelon ſa qualité, à preſent, on ne cognoiſt point le Marchand d'auec le Noble, on a deffendu l'or : mais chacun porte licentieuſement la ſoye.

Iadis on marioit les filles à petit frais & leur donnoit on quelque petit dot, auiourd'huy il les faut mettre en Religion faute de trente ou quarante mil eſcus, & puis apres ſi on ſaute les murailles, ie me recommande.

Le meſme en eſt des enfans maſles, vn homme d'office aura cinq ou ſix enfans, s'il en veut aduancer vn, il faut qu'il ruyne les autres. La vente des offices & des charges publiques eſt ſi exceſſiue, que le plus ſouuent il eſt contrainct de ſe reduire au petit pied, pour mettre vn de ſes enfans à l'abri de la fortune, puis quand il a acheptè vn office bien cher en gros, il le reuend en detail, & s'en fait marchand auec les plus descrotez.

Iadis les Iuges entendoient les parties, & ne se laissoient corrompre, aujourd'huy quand on veut plaider, on empeche la Iustice, & ferme-on la bouche à l'Aduocat. Les antiens Magistrats se contentoient d'vne mulle & d'vn hõme qui les suiuoient en queüe aujourd'huy ils ont cinq ou six sirmatophores & caudataires qui les retroussent peur des crottes, auec autãt de laquais dont les moustaches furieuses semblent vouloir destourner Iupiter des cieux.

Ce n'est point de ce temps, que les vsures & vsuriers sont en credit, ils ont eu de toute ancienneté leurs causes commises dans la tromperie : mais aujourd'huy on ne fait triomphe que de tromper son voisin, tout le monde prend à dix pour cent, on ne trafique que d'vsure, on ne void que cession, que fraudes & vsurpations illicites, bref, le rap est tellement en ordre, que ceux qui vous font semblant de tesmoigner quelque affection, sont ceux qui ſous les trompeux appas de leurs parolles emmiellees vous tirent inſenſiblement dans leurs rets.

A ces parolles, vn de ſes voiſins ſe leua pour en donner ſa ſentence, on n'a que faire, dit-il, de parler du temps paſſé, ny de ramenteuoir le chat qui dort, il ne faut parler que des miſeres du temps preſent.

Auiourd'huy ie ne ſçay comme le monde eſt baſty, tout y va à reculons & de trauers, il y a tant de larrons à Paris & tant de coupeurs de bourſe, qu'en bref ils nous ſauterōt aux yeux, ſi on n'y met ordre, le chat s'entend auec la ſouris, & les coqs auec les liōs.

*Junguntur iam griphes equis.*

Tout eſt peſle meſlé, dernierement en paſſant ſur le pont neuf, vn Gentil-homme fut attrappé, & fuſt bien aiſe en perdant le manteau & le chappeau, de gaigner le deſſus du vent & cinq pas en auant, ie ne ſçay à la fin ce qui arriuera : mais ie regarday dernierement aux aſtres, qui ne proſtiquoient que malheurs.

Moy qui prestois l'oreille à tous ces discours, ne me pouuois tenir de rire, de voir les Parisiens si tristes & si melancoliques, cependant que nous faisions nos iours gras à Fôtaine-bleau iamais la Cour ne fust si grosse, ie m'estonnois en moy-mesme, comme quoy il se peut faire, que ceste tristesse s'emparast de Paris, veu qu'il n'y a allegresse, ioye ne contentement qui ne nous arriue en nostre pays.

Il est bien vray qu'il y a vn grand tintamarre à la Cour, & que les vns sont faschez à cause que le dé ne leur a pas liuré bonne chance, les autres, de ce que la perdris est trop long tẽps à pondre, les vns desplorent le destin fatalle de la Picardie, qui en cinq ou six ans a changé d'autant de Gouuerneurs, & sur tout les Ambianois, que les anciens Autheurs nomment *Amy en noix* & les autres *ambientes nucem* font de grands preparatifs à l'accoustumee pour receuoir leur gouuerneur.

Les autres se resiouyssent en nostre pays, de ce qu'on va faire la guerre contre l'Espagnol, & qui le merite bien. Adioustant, que le Conte Maurice taillera bien des croupieres au Marquis de Spinola : Il pense le venir attaquer de rechef deuant Berg.

Aussi est-ce vne chose monstrueuse, que ce Prince ne se contente de ses Espaignes, ains qu'il vueille enuahir toute la terre & gaigner tousiours pays au desaduantage des François: N'est-ce pas assez, si sous la banniere des Espaignols, le Marquis de Spinola a eu la ville de Iuilliers ruinee, le Palatinat mis en desordre aux quatres coings de l'Allemaigne, renuersé villes & bourgades, passe par tout auec vn armee bouffie d'orgueil, failloit-il qu'il se vint planter deuant la ville de Berg, pour y receuoir les maux qu'a enduré son armee sans rien faire? d'oresnauant on luy aprendra que vaut l'aulne d'imprudence.

On tient que les François s'embarquent à Calais, pour prester secours au Conte maurice, c'est vn coup d'Estat : car cela empeschera l'Espagnol de prendre d'autre brisee au desaduantage des Francois.

C'est vn grand stratageme quand vn Roy sçait entretenir ses voisins en guerre, cependant qu'il iouyt d'vne bonne & heureuse paix, & que tous les enuirons de ses terres sont brouillees cependant que sont à labry des coups du temps & de la fortune, il vit dans vn tranquil seiour & vn repos fauorable, ne surchargeant son peuple de taxes & impos nouueaux, ains continuant dans les bornes & limites de son deuoir, & le laissant viure & respirer dans le contentement d'vne vie douce.

Alors tout le peuple benit & loüe la prudence de son Prince, s'esiouyssant parmy ses trauaux dans vne delectable tranquilité, alors on ne sera point comme au temps de la guerre, *en quo discordia cives perduxit miseros*, ce ne sont que souhaits diuins & benedictions sacrees qu'on donne à son Roy on n'entend que ioyeuses clameurs & aplaudissemens vniuersels, quoloques & loüanges qu'on donne à ses victoires, bref, il est beny de tout le peuple.

Plusieurs se resiouyssent si la guerre se recommence au pays bas : car on tient, que c'est l'vnique moyen pour purger la France de tant de larrons, voleurs & autres telles manieres de gens qui prennent l'or sans peser ny intention de le rendre, & de fait il y en a desia vne grande partie d'embarqué, dernierement i'en entendois vn' escouade qui se frottoit les espaules & se plaignoit desia du vin de Flandre qui sent bien la fumee.

Il y a vne grande quantité qui ne trouueront point le vin des Flamens si bon que celuy de Xaintonge & de Gascongne. Mais il n'impporte, il faut mieux que toute ceste racaille s'en aille qu'vne bonne annee, la perte n'y sera pas si grande.

Pour vous specifier des nouuelles de la Cour & vous en dire toutes les particularitez, outre que cela est hors de ma cognoissance, i'aime mieux n'en point parler du tout, toutefois comme chacun sçait, que le changement est vne des premiers & maistresse petre qui donne le bransle & fait mouuoir tous les Courtisans d'auiourd'huy, vous deuez sçauoir, qu'il y a bien du meslãge à Fontaine-bleau aussi bien qu'à Paris, si les Parisiens ont suiet de se plaindre pour ce que leurs chambres ne sont plaines, les Fontaine-bleautiens ont occasion de pleurer que leurs chambres ne sont aussi grandes: car il n'y eut oncques vne telle affluence qu'estois, on s'y frotte, il n'y a personne qui n'ait ouy parler de ce grand Alcandre, qui iouioit vn de ces iours passez en trois rafles contees auec vn autre de nos moindre estoffe que luy, lequel ne sçeust amener que rafle de quatre & son voisin luy donna rafle de cinq, qui vaut autant à dire, qu'vne bonne poignee de chair sur le né, de vous dire ce qui en est arriué & le bruit qui s'y est fait par tout, ie serois trop prolixe: I'ay deux ou trois paquets de cõſequence lequel ie m'en voy porter à ceux à qu'ils s'adreſſent. Si vous eſtes encor en voſtre place d'icy à huict iours vous orrez de mes nouuelles. Adieu.

FIN.

# LES ESTATS

## Tenus à la Grenoüilliere.

*Les 15. 16. 17. & 18. du present mois de Iuin, mil six cens vingt trois.*

Auec la Resolution & Closture desdits Estats.

M. DC. XXIII.

LES
# ESTATS
TENVS A LA
Greuoüilliere.

LA mort & la guerre (selon que nous apprend l'experiēce) sont deux accidents qui causent dans les Estats populaires & Monarchiques des changemens si diuers & si contraires, que le plus souuent l'on void vne legion de Valets à loüer, & presque vn monde de fantastins à l'Hospital: Qu'ainsi ne soit, depuis le trespas de la Reyne Marguerite, combien a-on veu de vagabonds & de gens sans adueu qui ont soupé dés le matin, lesquels auparauant faisoient des pinpans & des entendus, ne plus né moins que des pourceaux dedans vn auge, comme vn Guerin soy disant à lors Mre. des Requestes de cette deffuncte Dame, quoy que plaisant & seruant de bouffon, & vne infinité d'autres tels quels, trainant l'espée pour estre dicts Gentils-hommes de sa suitte, & depuis la guerre, cõbien de Cadets, volontaires & autres personnes curieuses de l'occasion, n'ayant eu bonne griffe pour l'arrester se sont trouués à l'Hospital, ou à la porte d'vne Eglise faisant le demy Crucifix : Helas! moy qui parle sans parler, mais par le bout d'vne simple plume qui desireroit voler sur vn air plus pur & plus tranquille que celuy-cy, I'ay de ses infortunes vne si parfaicte cognoissance, qu'en passant il faut que ie die que la France a grandement perdu à la mort de cette Illustre & Serenissime Princesse, & principalement ceux qui auoient l'honneur de seruir sa deffuncte Majesté dans le rang tel que leur conscience & leur fortune pouuoient permettre; Car cette bonne Dame disposoit de ses affaires auec vne deliberation si meure & si sincere qu'en sa Cour le contentement estoit vniuersel; Ses Tresoriers sçauoient prendre leur temps & leur occasion, ses Secretaires estoient tousiours payez de leur pension, ses Controolleurs entendoient des mieux la loy *agrippa*, ses pouruoyeurs y profitoient par esperance, les Escuyers de sa cuisine, combien qu'ils ne fussent tousiours payez de leur gages, humoient par prouision de bons bouillons, ses Pannetiers & Sommelliers en faisoient passer quinze pour quatorze, ses Marchãds de soye ne s'oublioient iamais à la suruente de plus de moitié, ses lingers faisoient d'ordinaire de grosses parties, & s'ils ne luy fournissoient gueres de marchandise, ses Suisses & ses valets de pied auoient veritablement de la peine, aussi ne receuoient ils point de mescontentement en leur condition, quant aux valets & femmes de chambre parmy la diuersité de son humeur il leur ariuoit des diuersitez de joye & d'allegresse, chacun d'eux faisant passablemẽt leur profit particulier: Quant à la Noblesse, les Gentils-hommes & Damoiselles de sa suitte succoient les delices à chaque momẽt auec des aiguillons si suaues & si agreables, qu'ils estimoient que l'immortalité deubt estre joincte & annexee dans le cõplot de leurs actions: Mais helas? elle est deffuncte cette Dame incomparable, & sa mort ayant semé les regrets dans des ames pures & nettes, elle a semé quant & quant des discords & des pertes si outrageuses, qu'aucũs de ceux qui profitoiẽt autour de sa deffuncte Majesté, maintenant haletent dãs le val de la misere: & de fait ce desastre n'a pas esté plustost arriué, que ses principaux officiers n'ayent jetté de la poudre aux yeux des petits pour joüer facilement à pince sans rire, couchant & employant sur des comptes ce qui estoit acquité long-temps auparauant, dressant vn tel quel estat de creanciers, y colloquant ceux qui pouuoient parler hardiment de leurs affaires, & interloquant & deboutant ceux qui pour tout cheual, housse, Carrosse valet & Laquais, n'auoient qu'vne paire de meschants souliers, aux vns desquels par charité Messieurs les Commissaires Deputez ont ordonné quelques sommes modiques pour passer l'Hiuer, ou pour releuer la boutique, attendant le iugement du procés de François Massey.

S'en est fait il est iugé ce diable de procés, la Cour luy a adiugé de bōs deniers au prejudice des creanciers, & s'il n'y a remede aucun pour empescher l'execution de l'Arrest; Aussi cinq cens mil tāt de liures peuuent faire beaucoup, pourueu qu'vn bon ordre soit estably; Et quoy que l'on paye ledit Massey, chacun aura du bon si l'on trauaille auec integrité de conscience.

Premierement les anciens creanciers seront payez par droit d'hypothecque & de priuilege, pour les nouueaux si on ne leur fait tort il y a du fonds à peu prés assez, sauf pour le surplus à s'adresser au Roy, qui ne manquera de donner quelque assignation, comme on est asseuré.

Restera seulement le public qui est priué du contentement de la pourmenade des hallées que la deffuncte Reyne Marguerite auoit fait faire auec tant de soing & d'affection, pour raison de quoy pensant qu'il deubt arriuer quelque bien, à ce subject l'on a tenu à la Grenoüilliere des Estats populaires, auquel lieu toutes harangues, memoires, billets & remonstrances ont esté receuës de bonne part & en la forme qui ensuit.

---

## HARANGVE DES *pauures Prestres estudians en l'Vniuersité de Paris, à Messieurs des Estats de la Grenouilliere.*

MESSIEVRS, Puisque l'interest notable du public est engagé dans le desorde causé par des auares mercenaires, qui comme vautours deuorãs le cœur de la liberté publique, ont ozé destruire ce qu'vn dessein Royal auoit fait eriger, & qui par vn testamẽt volõtaire auoit esté laissé à la jouyssance d'vn chacun; Nous qui viuons dãs la douce milice des Muses, & qui n'auions pour distraire les frauduleuses intentions que laspect & la pourmenade de ce de ce tant loüable & honorable dessein, offencez de cette priuation nous vous addressons nos cõmunes plaintes, afin de vẽger nostre interest, & de faire droit à noz desirs, lesquels n'estans appuyez que sur vne raison toute apparante requierent vne Iustice toute entiere ou du moins vne recompense equipolente.

*Responce du President.*

Que Demandez-vous?

MEssieurs, repliquerent les paures Prestres estudians en ladicte Vniuersité, noz memoires parlent assez, subordinément nous demandons puisque les adiudicataires de la maison & des terres de la deffuncte Reyne Marguerite, ont fait degrader les hallées ou l'on se pourmenoit auec tant de contentemẽt, qu'il soit pourueu pour nous oster ce desplaisir à ce que doresnauant l'on nous paye noz Messes à raison de douze sols parisis afin que nos robbes ne soient plus si dechirées, & que pas vn doresnauant ne s'emancipe de mal faire

faute d'estre employé en deuotion.
*Allez allez leur dict le President, soyez sages & on y soignera.*

## *HARANGVE DE LA Noblesse de Paris.*

MESSIEVRS,
Aïguillonnez d'vne commune offence, pour la perte que nous auõs faicte lors que les heritages de la deffuncte Reyne Marguerite, ont esté vendus & degradez, soubs l'asseurance que nous auons que cette celebre assemblée n'estoit faicte que pour reformer les desordres glissez depuis vn temps, voyant nos libertez par trop oppressées, & nos pourmenades cessées & abastardies, nous nous sommes aduisez de vous addresser nos iustes plainctes, affin de pouruoir par vos prudences à cette incomparable incommodité, vous conjurant de cõsiderer auec affection, combien les Nobles souffrent de desplaisir

lors qu'ils ſont priués d'vn cõtentemẽt qui ne couſte rien & qui eſt auſſi commun à vn crocheteux qu'à vn autre perſonnage plus releué.

*Reſponce du Preſident.*

Allez Meſſieurs on fera droit ſur voz Requeſtes, & cependant allez vous reueſtir à la frippe-rie, car voſtre cas eſt trop découſu.

---

HARANGVE DV *Tiers Eſtat prononcée par vn Bourgeois de la Grenoüilliere.*

MESSIEVRS,

L'aage auquel la nature me fait reſpirer ayant licentié mes conceptions à declarer ce que i'auois de plus ſecret en l'ame, eſt cauſe que la commune m'a eſleu pour vous remonſtrer auec combien d'impatience elle a ſouffért la degradation des hallées de la

Reyne Marguerite qui estoit vn lieu tãt delectable pour vn chacun, & auquel il se prenoit des contentements auec vne despense tres-modique. I'ay charge (Messieurs) de vous dire que si cette degradation eust esté necessaire pour reformer quelques licẽces trop effrenées, que le project du dessein en seroit loüable, mais n'ayant esté faicte que pour des-obeir au Roy, qui desiroit donner ces heritages à Monsieur d'Elbeuf, & en intention de des-obliger le public, delà l'on peut tirer vne consequence qu'au lieu d'vn bon ordre vn desordre s'introduit, & qu'au lieu d'vne liberté publique qui doit estre souhaittee, il s'engendre vne occasion dont la pluspart se seruira au des-auantage de la bourse, & au détriment de la conscience, car en ce lieu qu'on doit nommer à present le regret de Paris, chacun s'esgayoit discretement ayant l'estenduë du lieu pour l'exercice, la verdure pour l'object de la recreation, & la liberté pour le simbole du contentemẽt: Donc Messieurs puisque ces libertez nous sont ostées, & que le regret nous en demeure pour les inconueniens extremes qui en naistront, du moins que voz prudences aduisent de consoler cette commune calamité, faisant en sorte que ceux qui auoient droict d'hypotheque sur lesdits heritages degradez ne soient frustrez & brigandez de leur deub ainsi qu'on s'efforce de faire par des inuentions extraordinaires practiquées par des Cabalistes qui font courir l'argent à change & rechange tandis qu'aucuns des creanciers meurent de faim, quoy faisant chacun benira voz prosperitez & souhaittera de vous voir maitenus en vos charges.

*Responce du President.*

Ce qui est fait est fait, & neantmoins nous ferons en sorte de conseruer à chacun ce qui luy appartient.

CEtte responce ayant esté renduë à Monsieur le Bourgeois, l'esprit duquel est si gros qu'on en feroit deux tresaiſément, il s'en retourna auſſi gay en ſon logis, qu'vn cochõ qui reuient d'vn boys rẽply de glan, où eſtant il entretint ſa ieune fille & ſa ſeruante des beaux diſcours qu'il auoit tenus à Meſſieurs deſdicts Eſtats, ſur leſquelles entrefaictes paſſerent douze ou quinze paſtiſſiers grandement eſtonnez d'auoir veu le deſaſtre du parc de la Reyne Marguerite, où les Feſtes & Dimanches ils vendoient leur marchãdiſe auec toute ſorte de liberté & de franchiſe, tout peſle-meſle, ſans craindre la viſitation des Iurez; eſtonnement qui les porta dans vne eſpece de couroux, les vns roüillant les yeux à la teſte ainſi qu'vn chat qui bauduine dans vne goutiere, les autres hauſſant & fripponant les eſpaules à la mode de l'Hoſpital, & les autres faiſant des conjurations contre les acquereurs de ce parc : Ce qu'ayant apperceu Monſieur le Bourgeois, qui penſoit beaucoup operer pour apporter de la conſolation à ce petit peuple, il deſcendit de la feneſtre de ſon grenier auec vne poulie, & leur dit tout haut, Mes amis de quoy estes vous tant estonnez, quel subject vous rend si perclus de iugement, est-ce ce desastre que voila! Sur ce vn de la compagnie print la parole & dit, allez à tous les diables Mõsieur le Bourgeois, c'est bien à vous à faire des Harangues comme l'on nous a dit que vous auez fait à Messieurs des Estats? Auez-vous estudié pour haranguer? estes vous experimenté pour discourir pour vn public? retirez-vous, ou ie vous mettray les aureilles en capilotade pour faire vn pasté de requeste.

Le Bourgeois qui se sentoit fort sur son pallié, ayant d'autre part il y a long-temps dequoy se deffendre par la teste, voulut venir aux prises & se munir d'vn manche de balet pour corriger le discours de ce patissier qui auoit pris hardiment la parole pour sa compagnie: mais les autres qui en estoient tres-joyeux & tres-contents, voyant que ledit Bourgeois se vouloit mettre en effect, aussi-tost ils luy dirent, Monsieur contentez-vous d'auoir fait le sot, & de permettre que vostre gendre le soit encore, les bons chiens tiennent de race, ce dit-on, c'est pourquoy retirez-vous, & soyez content si bon vous semble de ne pouuoir estre que ce que vous estes.

Ainsi le Bourgeois fut contrainct de se retirer disant à ces Messieurs les Marchands de darioles, eschaudez, petits gasteaux & consors, qu'ils estoient des insolens, & qu'il s'estoit autant porté pour eux, comme pour les autres qui auoiēt interest à la degradatiō du parc de la Reyne Marguerite.

De ceste sorte arriua separation, & lesdits Marchands patissiers authentiquement authorisez de leurs femmes pardeuant les tabellions du cocüage, prindrent ensemblement resolution de presenter leur requeste aux Estats pour estre soulagez ou recompensez de la perte qu'ils faisoient par chacune Feste & par chacun Dimanche de l'année, & à cette fin ils tindrēt conseil en vne Hostellerie, ou le plushabille homme d'entr'eux fut remporté sur vne ciuiere tant qu'il s'estoit pourueu de doctrine.

Et le lendemain ayant maché & remaché

maché le conseil & la deliberation re-
solue pour leur commun profit & vtilité, ce maistre Gonin pour auoir la parole forte gargarisa son gosier d'vne
pinte de vin blanc, garnist sō estomach
d'équipolent, & quand à son esprit il le
passa si bien sur la meusle que sa langue
qui estoit messagere de ses conceptions
proposa à Messieurs des Estats ce qui
ensuit.

---

## *HARANGVE FAICTE à Messieurs des Eastts de la Grenouilliere par le corps des Pastiticiers oubliers cy-deuant frequentant le parc de la Reyne Marguerite.*

MESSIEVRS,

Oppressez que nous sommes
d'vne douleur incomparable & d'vn regret que nous estimons estre commun,
est l'vnique cause qui nous fait venir en
corps pardeuers vous, affin d'esmouuoir voz aduis & voz prudences pour

nous soulager en nostre infortune, vous sçauez Messieurs auec combien de libertez nous vendions au public dans le parc de la Reyne Marguerite les denrées de nostre vacation, vous ne doubtez-point que nous y faisions passer tant le bon que le mauuais, & nous croyons qu'il vous est notoire que ce lieu tant delectable estoit l'azille ou les fautes que nous commettions en nostre exercice estoient mises à couuert sans contredit, ny sans qu'ils s'en formast en Iustice aucune plainte, & cela estant, puisque le public ne s'en est point interessé, qu'au contraire noz diligences estoient approuuées comme on pourroit encores les approuuer en cas de necessité, faictes Messieurs que la perte que nous faisons soit recompensée par vn autre modelle & façon de liberté publique, affin que la degradatiõ de ce lieu Royal subsiste seulement en nos esprits par forme de memoire & souuenance, à quoy preuoyant comme nous esperons que vous ferez, nous promettons de mieux faire que nous n'auons cy-deuant fait, car au lieu de vẽdre noz eſchaudez, tartelettes, dariolles & petits gaſteaux chacun deux liards, nous en baillerons trois pour vn ſol, aucun de nous demeurant d'accord de bailler noz femmes à loüage pour aller aux lieux & promenades qui ſeront par vous deſtinez.

*Reſponſe du Preſident.*

Allez l'on fera droict ſur voz Requeſtes, à la charge que vous demeurerez immatriculez ſur le regiſtre des Cocuz ainſi que vous nous promettez.

---

*Plaincte Generalle des Boulangers de petit pain.*

MESSIEVRS,

Nous auons apris d'vn venerable pere de la ſocieté, que par fois les bons ſont affligés pour les offences des mauuais, & que tel chaſtiment arriue de la part du vengeur des crimes

des hommes, pour leur faire cognoist[re]
qu'il n'appartient pas aux freslons & g[...]
de basse estoffe de mettre en contre[r]-
olle les actions des endosseurs de montagnes sur montagnes, estant à luy seu[l]
de refrener, reprendre & terminer tel[le]
arogance, ainsi qu'il fit au superbe ed[i]-
fice de Babylone : Ceste doctrine, Messieurs, nous a grandemẽt rabaissé le ca-
quet, & nous a si fort cadenacé la bouche, qu'il nous semble ne faire plus qu[e]
besgayer, au lieu de parler hardiment d[e]
nos interests, qui sont & doibuent estr[e]
estimez incomparables : Car si à so[n]
prejudice nous voulions nous estend[re]
sur l'effronterie de ceux qui temeraire[ment]
pour peu de deniers ont enuahy la ma[i]-
son, jardin & parc de la Reyne Margu[e]-
rite, ce seroit auec des conjurations [si]
violentes, qu'il faudroit necessairem[ent]
que les foudres se rendissent punisseu[rs]
de leurs impudences ou legitimes ex[e]-
cuteurs de nos accusations : Mais puisque nos desseins sõt bornés pour le present, il nous suffira vous representer autant pour l'interest d'autruy que pour le

nostre, que l'honneste promenade des allées de la Reyne Marguerite, estoit vn lieu tellement necessaire pour le diuertissement d'vn chacun, qu'à present estant abolie, les vilages d'a entour la ville de Paris seruent de receptables aux desbauches effrenées, cōme violemēs, adulteres, assassinats, & voleries, ce qui estoit absolument aboly lors de cette honneste liberté, & cōme mis en hayne de ceux lesquels auparauant en tenoiēt la banque & le party : & de fait, Messieurs, vous sçauez trop mieux que les iours de Festes & les Dimanches la populace de Paris se rangeoit par bandes en ce parc regreté en diuers endroicts & cantons, les vns discourant d'affaires serieuses, & les autres de leurs honnestes affections, puis l'on s'esgayoit selon sa fantasie, & selon son humeur, sans qu'il arriuast querelle ny discord, chacū n'aspirant que d'entretenir l'ame & le corps ensemblement, là les filous, traisne-espées, Rougets, Grizons & autres gens de pareille estoffe n'auoient que faire, mais Pasticiers, Fruictiers, Tauerniers,

Vendeurs de biere & Boulangers, pour lesquels, Messieurs estant aduoüé comme ayant procuration en forme probante; I'ay à vous representer auec toute humilité quel peut estre le deüil & la perte que nous souffrons en la degradation de ce parc, premierement nous y enuoyons nos apprentifs, chacun d'eux chargé d'vne hottée de petits pains tant de chapitre, molets, à la reyne que faits à la mode, toute marchandise fardée, & laquelle nous n'eussions ozé vendre en nos boutiques, pour estre les vns legers de plus de quatre onces & demye, les autres repassez au four pour les faire estimer tẽdres, & les autres estans pains contrefaits au prejudice des Ordonnances de la police: Secondement le lieu estant proche de nos maisons, ce nous estoit vn second profit en ce que nosdits apprentifs n'vsoient pas tant de souliers comme ils peuuent faire à courir tantost aux bons hommes de Chaliot, tantost à Gentilly, & tantost à Vaugirard. Tellement qu'au moyen de cette espece de deluge arriué sur ce dessein tout magnifique& tout Royal,nos ressentimens en sont si grands, que nous sommes necessitez de nous addresser à vous pour implorer vos fecondes prudences le fruict desquelles nous esperons nous apporter de l'vtilité.

*Le President.*

Que demandez-vous?

*L'agent des Boulangers.*

MESSIEVRS, ce n'est pas l'argent devos bourses que nous demandōs,car nous auons asse gagnez depuis deux ans; Mais nous vous supplions de faire en sorte que le pain ne soit plus visité, & que nous le vendions à nostre fantasie afin que nos femmes vous en sçachent gré.

*Le President.*

Retirez-vous impudens, & nous laissez vos memoires pour en deliberer.

Ces Maistres Boulangers n'ozerent re-

fuser à Messieurs des Estats de bai
leur dire par escript, quoy qu'ils fuss
fort colerez de la responce de Monsie
le President: De maniere qu'ils fure
contraincts de le mettre entre les ma
du Greffier, & puis s'en reuindrent p
ser par la porte de Nesle, où ils renco
trerent Guerin cy-deuant bouffon de
Reyne Marguerite qui estoit assiste
sa grande Iacqueline de femme, &
quel s'en venoit (sur l'aduertisseme
qu'on luy auoit donné des Estats de
Grenoüilliere) proposer ses plainct
ses raisons afin qu'on luy fit droict (
pas comme on faisoit à sa deffun
mais suiuant les intentions imprim
en gros caractere dans la sale du ba
son esprit) aucuns de ces drolles fur
d'aduis de l'accoster, & de fait l'ac
sterent auec vne espece d'honneu
de reuerence, & l'entretinrent quel
temps de plusieurs affaires: Ce qu
fit enfler le courage aussi gros qu'vn
lon de cinquante sols, pour leur ten
son rang maints discours à bastōs ro
pus, leur faisant à chacun vne paire

gan

gands à la confusiō, qu'il voulut neantmoins tenir serrez en sō hault de chausse n'ayant pour lors ny bouette ny boutique. Cela fait chacun se separa, & ledit Guerin auec sa lampe de conuent, courut au consistoire des Estats pour faire la remonstrance qui ensuit.

## *Harangue de Guerin, jadis plaisant de la Reyne Marguerite.*

MESSIEVRS,

Ie suis tres-aize de vous voir en ce tribunal de Iustice, zelés comme on m'a fait à sçauoir de reformer les abus glissez depuis le trespas de ma deffuncte Maistresse; en ce desordre, Messieurs, mon interest est tout notable, & m'a fait leuer deux heures deuant le iour pour mettre en escript ce que ie vous veux dire, car estant vn des principaux creanciers de madicte deffuncte Maistresse, ainsi que ie puis justifier, i'ay droict de vous faire voir clairement ce qui cause le trouble & le tourment de mon esprit: En premier lieu il est tres certain que cette deffuncte Dame me print en sa Cour, affin de luy apporter des contentements suiuant l'estendue de ma capacité, soubs lesquelles considerations i'auois bouche à Cour, i'estois logé aussi-bien qu'vn honneste homme, & si pour mes labeurs i'auois trois cens liures de pension sans le tour du baston qui m'ariuoit en n'y pensant pas, secondement cette bonne Dame desirant mon accroissement, elle me donna qualité de son Maistre des Requestes sans prejudicier à celle de plaisant, puis elle me fit procurer vn mariage, pour raison de quoy mes gages furent augmentez de trois cens liures, dont la pluspart m'ont esté payez, & le surplus me reste deub: Or Messieurs doubtant que le Cõseil de cette deffuncte Reyne ne m'ayt mis sur l'Estat de ses creanciers, & voyant que vos consciences doibuent estre esgalles en cette assemblée, & qu'elles doibuet estre inclinées autant pour les vns que pour les autres ie me suis deliberé de vous faire voir mon premier contract de mariage, les clauses duquel donnant à present lieu à mes plainctes, esbranleront, come i'estime voz prudences, à pouruoir à ma necessité.

*Le President.*

Quelles sont voz pretentions Guerin?

*Guerin.*

Tout ce que ie pretends, Messieurs, est d'estre payé de ce qui m'est deub par la succession de la Reyne Marguerite ma Maistresse, afin de garnir mon lict de paille fresche, & d'aller me reuestir à la fripperie auec ma femme.

*Responce du President.*

Retirez-vous Guerin, & allez vendre des pommes, puisque vous auez vendu la soutanne de velours que la Reyne Marguerite vous auoit donné.

## *Harangue en forme de complaincte faicte aux Estats de la Grenouilliere par le Capitaine Picard general des gueux de Paris.*

MESSIEVRS,

Ie suis icy venu, chargé de plainctes, enuironné de douleurs & oppressé d'vn regret qui me creue le cœur; Ie suis le Capitaine Picard, Ha! qui outre de voir le parc de la Reyne Marguerite en vne ruine si deplorable, ne peut qu'à peine respirer, Et pourquoy? Par ce que c'estoit vn lieu tout magnifique & tout Royal, ou toute sorte de persōnes pouuoient prendre du contentemēt à bon marché, à peu de frais, auec honneur, & auec toute liberté honneste, Ha! & maintenant c'est vne Babylone deserte, ou personne ne peut plus habiter, Ha! Ha! ce n'est pas tout, Messieurs, quand ce parc estoit reuestu & couuert de ses feuilles, & que les Bourgeois y alloient prendre leur passe-temps, le pauure Capitaine Picard s'y trouuoit auec vne humeur toute deliberée, habille tantost en harlequin, tantost en Capitaine des gueux, & tantost en commun plaisant de la patrie, là il attrapoit par ses inuentions plaisantes & boufonesques de l'argẽt honnestemẽt, & s'il rembouroit son pourpoinct à bon escient, & maintenãt le pauure Capitaine Picard est reduict à la porte de l'Eglise des Cordeliers à faire plus de mine que de jeu; Quelle pitié, Ha! de voir vn si grãd changemẽt pour l'auarice de quatre ou cinq milours; premierement vne populace priuée d'vne honneste liberté, vn Capitaine Picard reduict tantost à l'Hospital, trente battelliers au bord de leau & boire du vin, maints ouuriers, cõme Pasticiers, Boulangers, Fruictiers & vendeurs de biere en peine d'estre en vacatiõ plꝰ de quatre mois de l'annee, & plusieurs courtauts de boutiques contraincts de payer vn sol pour tribut au jeu de boule, au lieu qu'il ne leur coustoit rien, Ha! grande pitié, Ha! grande vergongne, Amendez-vous, Amendez-vous, Amendez-vous de par tous les diables.

*Le President aux Huissiers.*

Qu'on face retirer ce Charlatan.

CE commandement prononcé par le President des Estats, fut aussi-tost executé par les Huissiers qui estoient de seruice, & le Capitaine Picard estant retiré, Messieurs des Estats commencerent à visiter les cahiers qui leur auoient esté baillez par les deputez de chaque vacation, & leurent & releurent les harangues & remonstrances qui leur auoient esté faictes à l'ouuuerture desdits Estats : Ce qu'estant fait on entra aux opinions, & sur le tout apres plusieurs contestations fut resolu ce qui ensuit.

*Resolution des Estats.*

LES Estats populaires solemnellement conuoquez, & assemblez à la Grenouilliere pour pouruoir aux abus pretendus qui se sont glissez & formez en la degradation du parc de la Reyne Marguerite, apres auoir meurement consideré les cahiers à eux presentez par diuers particuliers, & affin que par cy apres il n'y ait plus de plaincte pour raison de la degradation, & que chacun soit soulagé en son interest, par forme de resolution irreuocable, en ce qui touche l'interest des pauures Prestres estudians en l'Vniuersité de Paris, ont mis iceux, & les mettent hors de Cour & de procés sans despens, sauf à eux de passer l'eau à la Tournelle pour leur promenade, leur a enjoinct tres-expressément d'estre doresnauant sages & continens, & de se gouuerner suiuãt la reigle de la modestie. Pour le regard de la Noblesse de Paris, d'autant que le parc de la Reyne Marguerite leur estoit vtile, faisant droict sur sa requeste; Lesdits Estats ont ordonné & ordonnent que le pont neuf, & le mail d'aupres l'Arcenal luy sera libre & commun, si mieux elle n'ayme visiter Gentilly en la maniere accoustumée, ou en tels autres lieux qu'elle aduisera bon estre. Quand aux Bourgeois interessez de ladite degradation du parc de la Reyne Marguerite, il leur est permis de se pouruoir chacun selon sa fantaisie, sauf à se contenir dans les bornes de la modestie, à peine d'encourir les peines des prisons, & la vuidange de leurs bources, & en ce qui concerne les Pasticiers qui enuoyoiẽt vendre leur marchãdise au susdit parc, à cause qui s'en est souuentesfois debité contre & au prejudice des Ordonnances, lesdits Estats les ont renuoyez pardeuãt les Iuges ordinaires pour y pouruoir, & ayãt esgard aux offres par eux faictes, a esté adiugé à aucuns d'eux l'honnorable benefice des cornes par maniere de prouision, & à eux enjoinct de les garder à peine d'estre atteints & conuaincus du crime de mutinerie : Et en ce qui touche les Boulangers de petit pain, ils sont renuoyez à la police pour estre contr'eux procedé par toutes voyes deuës & raisonnables : Et quant à Guerin & au Picard, lesdits Estats les ont declarez incapables d'ester en iugement, & pour cet effect ont ordonné & ordõnent que leurs esprits serõt mis en criées, pour estre adiugez à la quarantaine au plus offrant & dernier encherisseur : Et afin que la presente Ordonnance demeure stable & inuiolable, a esté ordonné par lesdits Estats qu'elle seroit leuë, publiée & enregistrée par tous les Cabarets de ceste ville de Paris, à ce qu'aucun n'en pretende cause d'igdorance.

FIN.

LE

# MANIFESTE

DE

MONSEIGNEVR

LE PRINCE.

ADDRESSE' AV ROY.

M. DC. XXIII.

# Le *Manifeste de Monseigneur le Prince.*

IL n'y à rien dans ce bas Vniuers qui nous marque mieux le portraict de la Diuinité que nos Roys ses viues Images, & qui nous face voir de plus prez les effects de l'Eternel à l'endroict de ses creatures, que les actions de ses Oingts Sacrez, formees sur le modelle de ses cōmādements irreuocables. Qui ne sçait? que quand les humains offençent la Diuine Maiesté de leur Createur, & qu'ils se portent à des choses vicieuses contre les les reigles de leur deuoir. Ce bon Dieu qui ne veut pas perdre ceux qu'il a racheptez par le precieux sang de son fils nostre Seigneur Iesus-Christ se sert d'vn doux & paisible moyen, pour les attirer à la recognoissance de leurs fautes par sa grace preuenāte, les faisans r'entrer dans leur aneantissemēt: d'où s'ensuit leur conuersiō en l'estat d'vne meilleure vie. Mais lors qu'au contraire leur obstination les fait perseuerer en leurs meschancetez, & qu'ils ne nettroyent point par vn repentir de cœur les tasches qui noircissent le dedans de leurs consciences, & qu'ils se delectent à faire la guerre à l'Autheur de leur Estre, ce Dieu foudroyāt, armé de courroux, assemble ses forces, & bat à outrance les ennemys de sa gloire & de son nom, faisant ressentir à leurs ames les peines de l'enfer effroyable.

Ceux qui, comme bon François, auront les ames desueloppees des partialitez, & separees des seditions & reuoltes, & qui (comme Aigles) regarderont à plains yeux les rays du Soleil de la France. LOVIS LE IVSTE XIII. legitime successeur d'Henry le Grand, le Chef-d'œuure du monde, & la merueille des Roys, verront qu'à l'exẽple de Dieu il a vsé enuers ses subiets rebelles d'vne plus que misericordieuse misericorde, leur pardonãt plusieurs fois leurs crimes & delits, & receuant à mercy ses ames seditieuses filles du desespoir, qui courent y a si long-temps hastiuement à leur perte. Ce bon Roy, cet Hercules, dompteur des monstres, ce fils aisné de l'Eglise, ne s'est pas voulu seruir de premier abord de son authorité Royalle pour se rendre absolu: car pour les attirer à repentance, il s'est contenté de sa voix, affin de faire r'entrer ces desobeissans dans le sentier d'où ils s'estoient fouruoyez: mais voyant que cette douceur estoit trop douce pour appriuoiser ces ames rudes, il a esté contrainct d'y employer celle de son Parlement, lequel touchant les playes de ses vlcerez a retranché ses membres pourris, & endommagez par le reuolte du nombre de ses fidelles seruiteurs, les declarans criminels de leze Maiesté, & en fin ce debonnaire Prince considerant que ces paralytiques estoient sans ressentiment, & que les Arrests de sa Cour de Parlement restoient inutils, desireux de conuertir ses seditieux à la cognoissance de leurs crimes, il a employé la force de ses armes pour conseruer son authorité, & la marquer auec le fer, dans le cœur empierré de ses mutins.

Or pour faire voir clairement (ainsi que dans vn miroër) à ceux qui comme bons François ont leurs poitrines fleur-delizees, le iuste subiect qu'a eu nostre Alcide de se porter à l'extreme, pour ruyner les desseins de ses ennemis contraires à son seruice, & pour plus aysement faire cognoistre sa bonté, douceur, & misericorde, & à l'opposite la malice, desobeyssance, & infidelité de ses rebelles, Il faut remarquer qu'apres que Henry le Grand d'heureuse memoire, que Dieu absolue, se fit faire place par l'effort de ses armes au trauers de ses ennemis, & ayant eu son front aorné du Diadême Royal, abandonnant la Pretendue Religion, pour suiure la Catholique, Apostolique, & Romaine, voulut (pour en quelque chose recognoistre les seruices qu'aucuns Seigneurs de la Pretẽdue Religion luy auoient rendus, & leur oster la deffiance qu'ils auoient de sa Royalle humeur) leur confirmer le don de quatre vingts deux Villes que leur auoient faict les Roys ses predecesseurs, pour leur asseurance, sans conter vingt-cinq autres qu'ils vsurpoient, & ont vsurpé iusques a present d'vne iniuste authorité, & ce pour leur tesmoigner qu'il vouloit les faire viure en la liberté de leurs consciẽces, sans les agitter en nulle sorte. Ces Villes, non des plus foibles : mais des plus fortes, scituees en tous les endroicts de la France, leur furent données par continuation par l'immense bonté de ce Grand Monarque, aux conditions qu'ils ne feroient dans icelles, n'y ailleurs aucunes assemblees, Synodes, ny Cercles, que par l'exprez consentement de sa MAIESTÉ : & ce iusques à vn terme limitté. Lequel expiré fut accompagné d'vn autre, par la fauorable faueur de ce bon Roy, qui ne refusoit rien à ses subiects. La mort deplorable duquel arriuant par le coup d'vn abominable parricide. Il fallut que ces reformateurs vinsent recognoistre ce nouueau ROY LOVIS LE IVSTE, reietton de l'ancienne race de S. Louys, esleué au throsne Royal, par le trespas regretable de cest Incomparable, & apres auoir rendu à sa Maiesté l'hommage de leur obeyssance, & le terme de la possession de leurs Villes escheu, ils impetrerent d'abondant de la Royne MERE Regente (qui tenoit de ce temps-là en main le Gouuernement de l'Estat, pour le bas âge de son Fils) vn autre delay, aux conditions preallegueés, & le tout pour conseruer la Couronne en son entier, qui estoit menacee de naufrage : ainsi ces ames craintiues qui cherchoient de l'asseurance au milieu de la trãquilité, obtindrent de leurs Maiestez aysement ce qu'ils demandoient, veu que le dessein de ces ames Royalles estoit d'accõplir les Edicts & Ordonnances sur ce faictes par le Grand Henry.

C'est en ce lieu que ma plume s'arreste pour marquer du crayõ de la verité dans les cœurs François, les peines & les souffrances que receut de ce temps de l'euenement du Roy a la Couronne. Ceste magnanime Princesse Marie de Medicis, femme & Mere des deux plus grands Roys de la Terre. N'est-il pas vray que l'Estat alloit panchant a sa ruyne, & la nef de la Frãce submergee dans les eaux d'vn desbordement furieux, si cette Amazonne ne luy eust seruy de Pilotte, & qu'elle n'eust gauchy par sa preuoyance le heurt des ondes courroucees qui la menaçoient? ouy, c'est vne verité recognue par toutes sortes de creatures.

Tant s'en faut que ses pretendus Religionnaires ayent recogneu le bien que de tout temps ils ont receus de ses sacrees Maiestez: au cõtraire bannissans de leur cœur, l'honneur & le respect qu'ils doiuent a leur souuerain Seigneur, pour y loger vn mespris de son pouuoir, & abusans de son ieune âge, ne iugeant pas que Dieu est son tuteur, & qu'il le tient souz les aisles de sa protection, ils ont secoué le ioug de leur obeissance, dõnant l'entree libre de leurs Villes aux pre-

miers mescontents qui les eliroient pour
fuge, & courans à bride abbatue apres leurs
desreiglez mouuements, ont faict des Sy-
des & Assemblees contre les co̅uentions fa-
ctes, tant par deffunt Henry le Grand, qu
LOVYS LE IVSTE à present regnant. Le
paisible Roy qui voit que ces subiects mu-
nez mesprisoient son authorité, leur pres-
criuit des Loix qu'ils ne voulure̅t no̅ plus o
seruer que les anciennes. Le Bearn ne tro
uoit pas bon qu'on professast dans son en
clos la Religion Catholique, Apostolique
& Romaine, ny ne voulut non plus acqu
cter les decimes, ny payer le reuenu au
Euesques, & Prelats qui leur appartenoi
dogmatisans en cela comme les Anthrop
morfittes, enuiron l'an quatre cens, qui
seignoie̅t qu'il n'estoit loisible aux Euesq
de posseder des richesses, & que l'Eglise
peut auoir autre bien que les spirituels. V
clef plus temeraire disoit, que les Princes
culiers deuoient non seulement: mais po
uoient enuahir ce qui est de l'Eglise, affin
la chastier par les mesmes voyes, qu'elle
offence, doctrine abominable, contraire
l'Escriture Saincte, aux Peres, & à la raison
car il est escrit en l'Exode chapitre 24. *Tu ne
tarderas de rendre les decimes, & payer les premic*
Sainct Clement au liure des Constitution
Apostoliques, chapitre 25. escript & prescript ainsi. *Que l'Euesque en qualité d'homme de
Dieu, prenne les decimes & les premices: car elles*
sont

*Soit denés selon le commandement de l'Eternel.*

Les Bearnois neantmoins ne vouloiét rien faire de tout cela: mais ils y furent cótraints, & forcez par la presence de Nostre Ieune Alexandre, qui a leur confusion enrichit ses armes victorieuses des despouilles de leur honte, ces desordres cessez & calmes en ce pais-là, le Roy reuint à Paris, où il ne fut si tost arriué, que comme d'vn chef d'hydre couppé il en renaist d'autres, aussi apres ce desbordemét assoupy, il en nasquit vn nouueau à la Rochelle, ville principalle du gouuernement d'Aulnis differant en qualité: mais plus dommageable en essece que l'autre, où ils firét vne assemblee contre le vouloir du Roy qui l'a leur auoit deffendue. Icy paroist la bonté infinie & clemence nonpareille de ce bon Prince, en ce qu'ayant sceu que ce Synode national de la generalité des Eglises Pretédues Reformees s'estoit assemblé en ce lieu pour establir entr'eux vne Republique, & par ce moyen aneantir la Monarchie Françoise. Sa Maiesté despecha en diligence plusieurs fois des deputez vers eux pour leur faire rompre ceste conuocatió preiudiciable à son authorité: mais ceste deff enceleur seruit de Loy, pour les porter d'auantage à l'executió de leur entreprise, en suitte de quoy, apres vn nombre infiny de mespris des commandemens de sadite Maiesté, les ayant faict declarer criminels de leze Maiesté par son Parlement, & iugeant que, où la douceur est inutille il y faut employer la force, Le Roy ainsi offencé par ses suiects, resolut d'y faire vn voyage, & suiuy de sa martialle humeur, accompagné des Princes de son Sang, & des Chefs & Officiers de la Couronne, il fit marcher l'annee derniere le Regiment de ses Gardes en campagne : d'vn premier abord ses desseins reussirent si bien, que Chastellerault : l'vne des Villes des se belles ouurit ses portes à sa Maiesté, & ne voulut point attendre l'effort de ses armes, Saumur, Toüars, Loudun, Parthenay, Fontenay le Conte, Sainct Maixant, Niort, Taillebourg, La Gannache, Iarnac, & Beauuois sur mer en firent le semblable : car les Gouuerneurs de ces Villes zellez au seruice de leur Roy, ne voulurent point s'opposer à ses intentiõs, cognoissant bien qu'il n'auoit dans sa Royalle poictrine que des desirs sallutaires pour la conseruation de son Estat, & pour le proffitable repos & tranquillité de la France.

Entre tant de Villes obeissantes, sainct Iean se rebelle contre son Souuerain Seigneur, soit que la qualité du Chef qui y cõmandoit enflast le courage de ceux qui la gardoient, qu'ils esperassent vn fauorable secours de leur party, ou qu'ils creussent que les murs & fossez de leur Ville fussent inaccessible : comme si rien estoit impossible à la force d'vne armee Royalle, commandee par de si braues Chefs, & commandee de tant de membres aguerris, mais quoy! ses temeraires ne preueurẽt pas le malheur qui les talonnoit, & considererent encor moins, que comme les rais du Soleil peuuent dissiper en vn rien l'air nuageux qui veut offusquer la lumiere, que de mesme aussi la presence lumineuse, de l'auguste MAIESTE de ce Magnanime peut destruire en vn momët les presomptueux desseings de ses ennemis. Briarée, & Ancellade, voulant faire la guerre contre Iupiter, firent des MONTAGNES de terre pour escallader les Cieux, & le chasser de son throsne; mais se riant de leur folie, il terrassa ses temeraires insensez d'vn coup de foudre: aussi ces nouueaux geans, aduersaires de Nostre Alcide, ont beau assembler Ossa sur Pelion pour amoindrir son authorité, il à fallu que leur temerité, impunie par la clemence de ce tout bon, demendast pardon, grace, & misericorde à sa MAIESTE. Il receut donc ce pauure peuple rebelle à composition, se contentant pour marques de sa victoire de la ruyne des murs de sainct Iean d'Angely, & de l'aneantissement de ces anciens Priuileges, aymant mieux se venger des choses insensibles, que des creatures seditieuses, tant est courtois & debonnaire ce Genereux Prince, la prise de sainct Iean, (l'vne des plus fortes places qu'eussent les rebelles) intimida beaucoup de courage, & fit que plusieurs autres Villes se rendirent en mesme temps à l'obeyssance de cét Inuincible Heros, à qui rien ne peut resister. Et si toutesfois Clerac Nerac, Bergerac, places rebelles, au lieu de faire proffit du dommage d'autruy; & se soubmettre aux Loix du deuoir, persisterent à mesmes effects que sainct Iean; aussi receurent-ils pareilles aduantures, le Roy tousiours gaignant pays sur ces reuoltez, s'ornant le front de milles victoires, campa le siege deuant Montauban, l'vne des plus importantes Villes de ce party rebelle. C'est là où ce Genereux Prince, sorty de la tige de l'Illustre Maison de Lorraine, Monsieur le Duc du Maine receut le coup de sa mort, lors que plus il estoit occupé à rendre au Roy les tesmoignages de sa fidelité à son seruice. Il ne faut pas demãder si ces ames empestees receurent de la ioye de ce trespas, puis que c'estoit leur oster vne poignãte espine du pied. A mesure que ces miserables se resiouyssoient de ceste fin funestre & dommageable. Toute la Frãce la regrettoit, & peu s'en falut que le desplaisir que l'on en conceust ne causast vne grãde effusion de sang de ces reste de reuolte, s'il n'y eust esté sagement pourueu par Monsieur le Duc de Montbazon, Gouuerneur de Paris. Tant d'autres braues gens d'eslite se sont perdus deuant ceste ville desobeyssante, le receptacle de tout ce qu'il y a iamais eu de meschãt icy bas que la memoire en est outrageuse. Nostre debonnaire Louys tesmoigna à la mort de ce Grãd Duc, combiẽ il ayme ses seruiteurs. L'hyuer venu & l'iniure du temps des fauorable pour vn siege de telle consequence, obligea le Roy à retirer son armée pour la loger és enuirõs de ceste tasniere à gens desesperez, & de se rendre à Paris où ses affaires l'appelloient. Il laissa en son absence en ce païs-là le grand Duc d'Angoulesme, qui sans fin a eu les armes sur le dos, & qui a donné de si belles preuues de sa valleur en tant de belles occasions, & par des victoires signallees contre les ennemis, pour s'opposer aux desseings du sieur de Rohan, chef de ce party rebelle, qui ont tousiours esté conuertis en fumee, rien ne pouuant resister à l'effort du genereux courage de ce grand Duc. Le Roy donc de retour en la ville Capitalle de son Royaume, y fit son entree triomphante, le bruict des Viue le Roy retentissoit iusques aux Cieux.

Il sembloit que ces ames mutines affoiblies par tant de pertes, surchargee de tant de peines, & accablee presque soubs le faix de leur ruyne, pendant ce cours de l'hyuer ne deussent employer le temps à autre chose qu'à meditter les occasions d'attirer sur eux par leurs humbles submissions, la bienvueillance de leur Roy par eux si iniustemēt mesprisee. Tous les bons François viuoient en ceste esperance, & croyoient que comme c'est du propre de l'homme de pecher : mais du Diable, de perseuerer que ces desuoyez recognoissoient leurs fautes : mais tout au rebours, car au lieu de songer à l'auantage de leurs consciences, ils minuttoient les moyens de faire reuiure leur sedition qui costoioiēt sa ruyne. Prenant donc pour faueur le commencement du prin-temps, & l'abscence du Roy, ils font mettre en campagne au pays d'Aulnis le Sieur de Soubize, qui, depuis la prise de sainct Iean d'Angely, s'estoit, comme le limaçon, tousiours retiré en sa quoquille. Ce chef sans conduitte, parjurant sa foy, & violant le seruice que de nouueau il auoit iuré à sa Maiesté, fit leuee de toutes sortes de trouppes, extraictes de la lye du peuple, & ayant assemblé quelque quatre à cinq mil hommes de pied, & cinq à six cens cheuaux, employe les premiers effects de sa rage à s'emparer de quelques places sans resistance, endommager le pays, violler femmes & filles, piller & saccager le pauure peuple. Voila les beaux commencements de sa valeur.

Nostre Iuste Louis ennemy de telles inhumanitez, ne pouuant voir à ses yeux commettre tant de rauages par vn suiect pariure, sans y donner ordre, resolut de s'opposer à ces exactions pernicieuses par ses armes, & s'achemina à grandes iournees vers ce pauure pays desolé, pour dissiper, comme le Soleil par ses rayons les nuages qui vouloient obscurcir son esclat. Des ja le sieur Comte de la Roche-foucault, Gouuerneur pour sa Maiesté en la Prouince de Poictou, contrarioit & empeschoit les desseings de ce nouueau partisan de reuolte, quand le Roy l'ayant ioinct, & estant arriué à Nantes, ladicte Maiesté eut aduis que cét ennemy apprehendant les approches de ce Conquerát, quittoit le pays pour preuenir le chastiment qu'il auoit merité, & qu'il ne pouuoit euitter que par vne honteuse fuitte, & à l'instant ce Grand Roy poursuiuit hastiuement en personne le sieur de Soubize qui s'estoit ia retiré dans l'Isle de Rié, qui est comme inaccessible, pour plus aysement faire embarquer son armee, & luy donner retraitte dans la Rochelle, azille des ennemis de ceste Monarchie Françoise, mais ce Roy triomphant, ce Mars belliqueux, à qui rien n'est impossible ny difficille, pour l'accomplissement de ses victoires, tant Dieu l'aime & le fauorise, fit par sa seulle presence retirer dans les abysmes des eaux qui luy donnerẽt passage, & à son armee au milieu de son Element, qui auoit tousiours, & de memoire d'honneur, remply son lict d'vne si grande abondance de sa mouëtte liqueur que aucun endroict de ceste Isle n'estoit gayable. Ce fut alors que l'armee ennemie fut deffaicte, & son Chef honteusement reduict par la fuitte, a esuiter les coups de la collere de ce victorieux.

Ce n'est pas mon dessein de d'escrire le carnage qui fut faict de ses temeraires brauaches, de plus doctes plumes que la mienne en ont faict vne ample recit, il me suffira seulement de dire en passant, que ce qui ne fut sacrifié à la collere de ce vainqueur, furent ceux a qui la clemence plus qu'humaine de ce bon Roy, donna la vie, aymant mieux vaincre sans faire mourir, que de doner la mort en combattant, la perte & de-faitte de tant de creatures, que la liberté de viure auoit attiré à ce party, ne debuoit-elle pas faire ranger au debuoir de l'obeyssance Royalle ces perturbateurs du repos public? Mais tant s'en faut: car ces miserables obstinez à leur ruyne se saisirent de Royan, & y assassinerẽt celuy qui y commandoit, pensant contester le passage à sa Maiesté, qui s'a faict faire iour au trauers de leurs oppositions, Tonnins se fit battre plus viollemment qu'auparauant, effects de desesperez, mais en fin ne l'vne ne l'autre n'ont peu euiter leur prise.

Apres la reduction de ces deux Villes, Clerac, qui auoit desia ressenty les effects de la clemence de ce debonnaire Roy, apres le pardon qu'il decerna au crime de sa rebellion, se mutinãt vne seconde fois, & se rendant ingratte à la cognoissance de tant de grace qui luy auoit esté faicte, ouurit ses portes aux mutins qui s'offrirẽt à la deffendre, des desseins desquels finirent à leur nayssance: car s'estans inhumainement assouuis du sang d'vn des bons Peres Iesuistes, que cruellement ils occirent, & apres sa mort le traisnerent par les ruës, pour les auoir excitez preschant la parolle de Dieu à obeyr à leur Roy, furent incontinent assiegez & forcez à se rẽdre, & leur ville brulee, pour signe de leur perfidie, & cruauté abominable.

Cet exemple qui deuoit faire trembler de peur

par tout le reste des seditieux, & les attirer, ... deuoit, ne gaigna rien sur ces ames ... stre, ils ne laisserent pas de se fortifier ... Antonin, & d'y attendre le chos... comme ils virent ne pouuoit euiter le ... de ce puissãt Roy, qu'en se rangeant ... l'abry de ses lauriers, ils se rendirent en... les bras de sa misericorde, tousiours ou... à qui les eslist pour azilles, tellement que ce triomphant, se contenta de faire pẽ... quelques Consus Autheurs, & Ministre ... , prenant le reste à compassion & à grace.

Ce procedé fut trop doux, pour les ames desloyalles & meschantes, puis qu'abu... de cette trop excessiue debonnaireté, laquelle vzoit enuers eux plus de pardõ que de punition, ils se ietterent dans Negrepel... sans considerer le peril ou ils alloient se plonger.

Negrepellisse donc plus opiniastre, & endurcie à la meschãceté que les autres Villes, resolut de retter, ou de soustenir le siege.

Pauures desesperez! vous ne preuoyez pas le malheur qui vous tallonne, & considerez encor moins que c'est directement s'opposer à Dieu, que de resister aux Roys ses viuantes images.

Le cœur fermé à toutes sortes de bons desirs, & l'oreille sourde aux sommations qu'on leur fait de se rendre, ils ne veullent rien croire ny oüyr, ils mesprisent ces admonitions salutaires, tant pour leurs corps, que pour leurs ames, & en fin ayans quelque temps vainement resisté, ils furet pris d'assaut, & tous immolez a la Parque, par le tranchant de l'espee des soldats animez & irritez d'auoir veu trop de temps resister ces Pigmées. Heureuse deffaite, si elle eust empesché le reste de ces fouruoyez dans le chemin de l'obeyssance.

Ces tristes euenemens qui debuoient imprimer la crainte & la peur sur la face du reste de ce party rebelle, ne r'abbatirent point l'audace à ceux de Lunel : car insolemment temeraires & audacieux, ils oserent bien refuser l'entree de leurs portes à la Maison Royalle, Monsieur le Prince de Condé y conduisoit son armee, & les força a se rendre à composition, ils eussent esuité leur mort, si ne viollans point leurs foy iurée, ils n'eussent voulu r'entrer triomphans d'où ils estoient sortis vaincus, mais ayant rencontré en se retirant, quatre cens hommes des leurs, qui estoiēt sortis d'Aiguesmorte pour les secourir, & qui les encouragerent de regaigner ce qu'ils auoient perdu, se laisserent malheureusement deceuoir à leurs persuasions, & lors qu'ils voulurent executer le dessein, ce fut à l'heure qu'ils trouuerent leur cercueil par la charge que leur fit l'armee Royalle, receuans ainsi le salaire de leurs demerites.

Tant de victoires remportees sur ces rebelles, & tant de corps ionchez par terre, ont bien debilité leurs courages ; & affoibly leur party: mais non en rien diminué leur meschanceté & diaboliques inuentions: car se voyans descheus de leurs pretensions, & priués du moyen de pouuoir subsister plus long temps à l'effort des armes Royalles & victorieuses, (fleau de telles sortes de gens.) Ils ont mieux aymé tanter des voyes extremes, appellant l'Estranger à leur secours (& par ainsi mettre la France en danger de se perdre) que non pas de se rendre souz le joug de leur obeïssance, & s'asubiettir aux douces loix de leur naturel & legitime Roy qui ne leur prescript que des choses raisonnables.

Ames enragees! ennemis de vostre patrie, vous portez-vous bien à des extremitez si vicieuses? N'auez-vous non plus de soing du lieu où vous auez pris naissance, & ou vous auez esté esleuez, que de le vouloir exposer à l'insolence de son capital ennemy.

Pour paruir à leurs damnables fins, ils inuoquent à leur ayde le secours du Comte Mansfeld, & attirent à eux le Mareschal de Bouillon, pensans derechef faire reuiure leur diabolique fureur par de telles & illicites practiques: mais Dieu, qui comme scrutateur des cœurs, void, & entend tout, fournist à nostre Monarque (son fauory) assez de moyens pour y remedier.

Car le Roy, rendant general de son armée de Champagne, Mõsieur le Duc de Neuers, qui en est le Gouuerneur, luy commanda de s'opposer à l'entrée de ce Comte, qui ne demandant qu'à rauager, auolle par tout où il est demandé, son armée fauorisée pa ledict Duc de Bouillon, & fatiguée de se pertes passées, s'approchans de nos frontie res en est vigoureusement repoussée, & ne recognoissans que trop qu'il n'y a rien a ga gner parmy des ames si Françoises & coura geuses, commãdées par vn si genereux Prin ce, s'est retirée à la confusion de ces factieux qui n'ont point de respit de vie qu'en la pro pre recognoissance de leurs faultes.

Sommieres se faisant sage aux despens de tant de Villes qui ont trouué leur ruyne dans leur rebellion, s'est rangée au vouloir de son Roy, pour euiter les semblables pei nes qu'ont enduré ces ambitieux Titans (germe de sedition.)

Montpellier ores assiegé, minutte sa perte par sa desobeyssance, & suit les mesmes ve stiges que ses deuancieres, sa resistance est vaine, veu qu'il faut que tout cedde aux ar mes de Nostre Grand Louys Incomparable.

Sus, sus, armes à bas, Rebelles, ie voy ce grand Roy triomphant menacer vos chefs de tempestes, empeschez que sa patience trop souuent indignée ne se conuertisse en fureur, il est prest de vous donner le chastie ment conuenable à vostre desobeyssance. Ses Canons foudroyans sont pointez, ses picques herrissées, & l'espée en main pour enuoyer vos corps à la sepulture. Preuenez sa resolution par la recognoissance de vos demerites: iettez vous aux pieds de sa Maje

rée de cét Alcide, & implorant sa clemence, demandez luy pardon, il ne refuse point ceux qui l'inuoquent; car sans fin il reçoit à penitence les vrais repentans de leurs fautes, iouyssez-donc de ce doux priuilege, ames indignes de tant de graces?

Quoy! voulez-vous (vsurpateurs de l'authorité de nos Roys) prescrire des reigles à ce Genereux Monarque, que tout le monde craint & honore, par sa Iustice & clemence. Comme le plus grand Roy de l'Vniuers; Tout fleschist au bruict de ses armes, & vous mutins obstinez, voulés-vous le suppediter, & par vne presomptueuse ambition luy disputer son legitime heritage. Bon Dieu! quel pernicieux desseing, ne vous faictes-vous point sages aux despends d'autruy? Ne tirez vous point d'exemples des ruynes & desolations de tant de villes rebelles qui ont senty les traits de la collere de ce iuste Roy? Persisterez-vous en vos iniquitez, vos cœurs ne receuront-ils point les marques & caracteres des Fleurs de Lys, Symbole de vostre Pretenduë Religion? Ha Canniballes & Lestrigons! vous ne vous paissez que de sang, ne pensant faire regner vostre vsurpation que par le diuorce. Rebelles vous vous seduisez en vos creances, & ne voyez pas que Dieu autheur de toutes choses abbaisse les orgueilleux, & rehausse les humbles. Ia desia les cœurs des chefs de vostre faction se glacent, la deffaite & ruine entiere du sieur de Soubize, ne vous faict elle point cognoiftre que l'Altitonnant du Ciel & de la Terre n'authorise point vostre iniuste party. Mais au contraire par des euenements contraires à vos esperances, ne veut-il pas attirer vos ames à la cognoissance de vos demerites, ne donne-on pas la gloire du gain d'vne bataille à la supresme puissance de Dieu qui y preside, si ainsi est, comme il est indubitable, ne vous apparoit-il pas assez par tat d'exploicts genereux, commis par ce nompareil Alcide, que le Ciel est indigné contre vous, & qu'il n'espouse point vostre deffence. Hé, que ne reuenez-vous à vous mesmes? Que ne cessez vous d'orager la France par vostre tumulte? C'est follie de s'opposer au vouloir de Dieu. Autheurs de la mort de tant de grands Seigneurs, & braues Chefs, & d'vn si grand nombre de Gentils-hommes, & de courageux soldats tuez par vostre reuolte. Leur sang courageusement respādu pour le seruice de leur Roy, ne crie il pas vengeāce deuant Dieu, tant de vefues, orphelins, & pupilles ne vous publiēt-ils pas les meurtriers de leurs maris, & de leurs peres, oüy, ouy, c'est à vous qui causez tant de langueurs, à qui le pauure peuple affligé dōne le blasme de ce desastre, *Vox populi, vox Dei*, considerez les assassins que vous auez fait de vos Chefs, pour doute qu'ils eussent l'ame Royalle, vos crimes de leze Majesté, vos sacrileges & violemens, & vous vous repentirez bien tost de vos iniquitez, où vous aurez vne ame Luciferienne, quel plus grand honneur ? quelle plus belle gloire, & quel plus doux cõtentement à vn peuple que de se voir en paix, obeyssant aux Loix de son Superieur, rien n'est de plus agreable à Dieu que le tranquille repos de ses creatures. Tout le Ciel mesmes s'ẽ esiouist, & les Anges en chantent le *Gloria in excelsis*, où au contraire les ames damnées, & les Diables mesmes de l'enfer s'en affligent.

Que doit-il estre doncques maintenant en ces lieux de lumiere, & de tenebres. Helas n'est-il pas vray que le Ciel pleure de vostre infidellité, & l'enfer en rit, ouy, le Ciel s'afflige de voir tant de pauures ames distinees par leur creation à estre Citoyens de ceste saincte Cité, se perdent par leur obstination & peruersité malheureuse, & au contraire l'enfer est content de voir mourir ces pauures creatures en l'estat miserable de leur damnation, creatures dis-ie veritablement faictes la proye des demõs infernaux, voyez, voyez, cœurs empierrez, & empoisonnez de reuolte, quels mal heurs causent vostre impieté, tant d'Eglises ruynees, & tant d'hotels desmolis sont les marques de vos execrations, vous n'auez pas pardõné aux choses insensibles : car en prophanant le Christianisme, & foullant aux pieds la veneration des bien-heureux Saincts, vous auez reduict en cendre leurs Images, tãt leur memoire vous est odieuse, Grand Dieu Eternel, dõnez la veuë à ses aueugles, aueuglez de leur iniuste conuoitise, r'appellés dans le bercail de vostre Eglise ees desuoyez de leur salut: imprimez leur dans le cœur le respect, crainte, & obeissance qu'ils doibuent porter a leur Roy, vostre Image viuate icy bas parmy nous, ne permettez pas tout, bon & misericordieux, que leurs ames suiuent la ruyne de leurs corps, & que le diable par ainsi triomphant de la perte de vos creatures, racheptee par le precieux sang de vostre Fils vnique, nostre seigneur Iesus Chr. Et toy peuple mutiné, flechis au vouloir de ton Prince, r'entre dans le chemin de ton obeissance au seruice de sa Royalle maiesté, & attirant sur toy sa clemence, separe toy des desseings contraire a ses resolutiōs. Recognois la debonnaireté de ce bō Roy, qui au lieu d'expier tes fautes par le sang, te faict grace, sois luy autant fidelle a l'aduenir, que tu as esté rebelle par le passé. Consacre tes vœux a son seruice, & chasses hors de ton ame ce poison de reuolte qui l'endommage. Ne bande plus tes desseings contre sa puissance. Si tu as esté bon seruiteur de Henry le Grand son Pere pendant sa vie, sois-le de Louys le Iuste son fils durant la sienne. Qui a aymé l'vn doit cherir l'autre.

O Grand & Incomparable Roy, puisse le Ciel de plus en plus fauoriser le reste de vos souhaits, au contentement de vos bons Frãçois, à la conseruation de vostre gloire, & à l'augmentation & accroissement de vostre Estat.

FIN.

# LA CHASSE AV RENARD, OV REMERCIEMENT DES Poulles au Roy.

M. DC. XXIII.

# LA CHASSE AV RENARD, OV REMERCIEMENT DES POVLLES AU ROY.

*PVisse-ie, ô tout puissant, incognu des grands Roys,*
*Mes solitaires ans acheuer par les bois.*

Disoit vn des grands Poëtes de nostre siecle, d'autant que les esprits recueillis dans la solitude des deserts sont plus propres à la Meditation que ceux qui sont iournellement occupez dans le continuel trictrac du monde : Aussi poussé d'vn mesme ressentiment, & apres auoir recognu les vanitez de la Cour, où i'ay esté esleué dés ma ieunesse, & passé la plus part de mes ans, i'ay choisi ce petit Hermitage au sommet de ceste montagne, pour y contempler auec plus de repos la grandeur des merueilles de Dieu, & l'inconstance des affaires mondaines. Que si quelqu'vn neantmoins trouue en ce discours beaucoup de choses des occurrences du temps, & que la dessus il vienne à blasmer mon genre de viure, en taxant l'exercice de ma vie, comme contraire à la profession d'vn simple Hermite, soustenant estre impossible de bien vacquer aux contemplations spirituelle parmy le meslange des temporelles, ie le supplie auant me condamner de ruminer pieusement, que l'on ne peut mieux remarquer la bonté de Dieu, sa Iustice, & sa misericorde qu'en jettant les yeux sur les desseins des extrauagances humaines ? Quicõque medite autrement ressemble au Iuge qui condamne sur le moindre r[illegible]t de l'vne des parties, au lieu de les escouter toutes deux, auant que donner sa Sentence : Car on ne peut bien mediter en la Iustice de Dieu, que l'on ne tõbe aussi tost sur l'enormité des pechez des hommes ny admirer sa bonté, que par la cognoissance de l'enorme malice des mortels partant il n'est incompatible ny mal-seant à vn pauure Hermite seulet d'esleuer ses Meditations spirituelles sur les insolences des temporels Non plus qu'au Pere Arnoux, de dire tous les iours so[illegible] Chappelet au milieu des cabales de la Cour : Car comme le Soleil jette ses rayons generalement sur toutes les choses d'icy bas, tant bonnes que mauuaises, sans pour cela en souiller la lumiere ? De mesme l'homme de bien peut entretenir son esprit de toutes les actions humaines, sans que son ame en soit entachee, ny empeschee de s'acquiter de ce qu'il doit à sa profession : Au contraire, cette occupation le porte à implorer iour & nuict la Diuine Majesté, tant pour ses pechez que pour ceux du peuple, & particulierement pour la protection de nostre bon Roy, & de la pauure France, qui s'en va de toutes parts ruynee, si bien tost le Ciel ne met la main à sa conseruation, en preuenant les effets de sa desolation.

Les Meditations faictes de cette sorte par l'examen des particularitez sont bien plus edifiantes, & nous retirent bien autrement du mal, que celles qui se font confusément sur le general des choses d'icy bas par vne aueugle croyance que l'on se forme que tout y est meschant, laquelle en cette maniere condamne quelquefois ce qui est bon, & embrasse ce qui est teint comme chose saincte ; ainsi font ordinairement la plus part des bons Chartreux, & les simples Religieux des autres Ordres, qui n'ont veu le monde que dans vn liure, & qui ne sçauent ce qui s'y passe, que par le deguisement d'vn recit affetté exagerant par fois vne chose plus grande qu'elle n'est, & puis passans legerement par dessus vn autre de tres grande consequence : Là où celuy qui clair-voyant penetre dans l'origine du bien & du mal, s'approche puis apres de Dieu auec vne toute autre lumiere que ceux qui vont ainsi à tasto dans les tenebres des ignorances de leurs conceptiõs : De là viennent les risees que l'on fait des Meditations grotesques que font ces idiots Religieux, peu versez aux matoiseries du temps, qui est cause que les sages mondains s'en gaussent, les nommans resueries de Cloistre, ce qu'il les endurcit, au lieu de leur attendrir le cœur, auec les atteintes d'vne nuë verité : Partant il faut icy auoüer, que tant s'en faut que la cognoissance du Galimatia du monde nous empesche d'approcher de celle de Dieu, qu'au rebours, elle nous dispose à nous d'estacher plus gayement des vanitez qui nous enuelopet en les mesprisant comme grosses estoupes, qu'vne simple estincelle reduit en vn momét en cendre. La nourriture que i'ay pris de ma ieunesse dans vn Palais Royal, m'a donné quelque addresse des meslanges du monde, dont ie me sers encores auiourd'huy, pour demesler en beaucoup de choses le vray d'auec le faux : C'est le seul fruict que i'ay rapporté de la Cour, où ie confesse que i'ay veu faire beaucoup de mal, & peu de biẽ, ce qui a esté cause de me la faire mespriser, & de luy dire Adieu, pour me retirer auec Dieu en cét Hermitage escarté, où ie n'ay eu autre dessein en y entrãt que d'y rouller le reste de mes iours en prieres, me distrayãt tant qu'il me seroit possible de la visite des Courtisans, & importunité des ames bigottes qui ne peuuent viure, ny laisser autruy en repos: mais tant s'en faut que i'y aye rencontré ce que ie m'estois promis pour ce regard, qu'au cõtraire ie n'y ay pas si tost esté que i'ay eu sur les bras certains esprits malades par l'inquietude de leurs fantasies, qui se rendoient iournellement vers moy, pour chercher consolation: Ce chemin estant tracé par la saincte renommee d'vn vieux bõ Hermite, qui estoit auparauant moy en ce lieu, à la place duquel i'ay succedé, & non à la capacité qu'il s'estoit acquise durant 48. annees de vie solitaire, pendant lesquelles il auoit faict des rares recueils, tant des choses passees de son temps, que par luy predites: Ce qui l'auoit rendu si celebre, que ce n'estoit qu'vn concours de peuple qui venoient de toutes parts pour auoir ses aduis.

Ceste grande renommee m'esguillonna à deux choses. La premiere à l'imiter, puis que i'estois son successeur, & la seconde à recueillir les rares preceptes que les villageois d'icy à l'entour racontoient auoir apris de luy.

Comme i'estois en cette peine, me pourmeuant en mon iardinet, il me prit enuie d'arracher vn vieux laurier sec, qui estoit dãs l'vn des coins d'iceluy, m'estant estõné plusieurs fois de ce que la curiosité de mon predecesseur ne l'auoit porté à l'oster pour y en planter vn autre. Or foüissant à l'entour pour le déraciner, ie rencõtre vn gros caillou noir, fendu en deux pieces rassemblez, lesquels ayant des-jointes, ie trouue escrit dans vn quatrain qui contenoit ces mots.

*Ce laurier sec autresfois verdoyant*
*Est vn augure à l'Estat de la France:*
*Victorieux on l'a veu foudroyant*
*Et auiourd'huy il tombe en decadence.*

Cette lecture me tinst vn long temps l'esprit suspens, pour auoir en soy quelque chose de sinistre, toutesfois apres auoir esleué les yeux au Ciel, à ce qu'il luy pleut garantir cette Couronne de tout mauuais presage, ie cõtinuay mõ mon trauail, & ayant tiré encore quelque pellee de terre i'apperçois vn autre caillou comme le premier, dans lequel estoient ces vers,

*Pauures Bourbons ne cherchez plus*
*Des Couronnes pour vos victoires*
*Ce laurier mort icy reclus,*
*Vous presage des couleurs noires.*

Alors ie m'arrestay tout court, touché de ie ne say quel estonnement, qui neantmoins m'esleua le courage d'acheuer mon entreprise. Ce que ie fis, tantost auec des tremblemens du corps, tantost des mouuemens extraordinaires l'esprit en fin apres auoir assez approfondy la fosse, le laurier cheut par terre, & tombant, ie decouure vne petite caisse de pierre qui

en souspçon que quelque nouueau mystere y pourroit estre caché: aussi tost meu d'vne nouuelle curiosité, i'oste le couuercle, & apperçois dedans deux instrumẽs, l'vn faict comme les lunettes de Holande, dont vse le Duc de Bouillon pour prendre de loing les visees, desquelles Mõsieur le Prince auoit grand besoin de s'ayder, encore plus le Comte de Soissons, & l'autre en forme d'entonnoir, à la façon de celuy dont se sert le Mareschal Desdiguires, pour ouyr plus facilement les persuasions de Bulion & d'Eagent. Apres ie trouué vn memorial escrit de la main du bon homme enueloppé d'vne grande Carte, representant le Royaume de France, auec toutes ses Prouinces qui estoit fort vieille, toute deschirée par lambeaux & au milieu estoit escrit en lettre rouge, *Passatiempo de Bastilla.* Outre ce deslabremẽt elle estoit rongée en tous endroits & aux bordures estoit escrit en lettres noires *Mesnage de fauoris:* sur le dos y auoit en gros caracteres, *Deuinez qui a faict le pis*, ladicte Carte & liures empaquetez d'vn eschantillon de l'estendart benit que le Pape Gregoire XIII. donna à *Sfondrat son nepueu*, lors qu'il cõduisit en ce Royaume les troupes enuoyées du Vaticã au secours de la saincte vnion Catholique, l'an 1591.

Toutes ces choses mytologiques, pleines de veritables mysteres me firent ressouuenir des tapisseries mystiques du Catholicon. Apres i'ouure le liure, dans lequel ce bon Hermite auoit escrit en formes de iournalier les occurences plus memorables aduenues de son temps passees, que celles d'aduenir : & d'autant que telles curieuses recherches requeroient du loisir pour les bien entendre, ie transportay le tout en ma Cellule, tant pour philosopher sur les circonstances d'icelles, que pour les conferer auec les belles leuees de bouclier du temps present.

Estant retiré en ma chambrette, la premiere chose que ie fis ce fut de manier les deux instrumens susdits, pour descouurir à quel vsage le bon homme s'en seruoit. Enfin ne pouuant trouuer le secret d'iceux par science, ie l'apris par hazard, au rebours de Cadnet, qui a appris l'art militaire sans hazard: Ainsi apres les auoir bien maniees, sans y sçauoit rien cognoistre, non plus que le Garde des Seaux, aux chemins d'alentour d'Angers: Ie m'auisay de mettre le bout de l'entonnoir dans ma bouche, pour essayer s'il seroit propre pour vn Cor de chasse: mais n'ayant l'embouchure commode a tel vsage: il m'aduint par cas fortuit de le mettre en mon oreille, & soudain i'entendis vn bourdonnement de plusieurs endroits, ie iugeay que cet instrument seruoit pour l'oüye, & de faict l'ayant tenu dans l'oreille auec plus d'attention, i'oüys plusieurs propos qui se tenoient aux Parroisses circonuoisines de mon Hermitage, & entre autre i'entendis la seruante du Seigneur d'vn village qui reprochoit au valet de chambre qu'il faisoit le Luyne, & qu'il entretenoit son Maistre en diuision auec sa mere, femme, frere & parens : afin de gouuerner tout seul son Maistre & sa maison. Vne autre bonne vieille racontoit au Curé qu'elle auoit ouy dire au Marché que Monsieur le Connestable alloit canoniser la Rochelle auec cent canons, la simplicité de cette femme me fit rire, voyant qu'au lieu de canoner, elle disoit canoniser, comme si cette ville eust esté vne seconde Sœur Marie de l'Incarnation, appellée dans le monde Madamoiselle Acarie, deslors ie preueu que i'entendrois bien d'autres drolleries.

Quand à l'autre instrument, ie ne sçauois non plus penser à quoy il pouuoit estre vtile : Mais la croyance que i'auois qu'il n'estoit moins propre que l'autre, me fit aussi estre curieux d'apprendre ce à quoy il pouuoit seruir, en fin voyant qu'il ne differoit guere des lunettes d'Holande, ie me tourne sur Paris, & le portant sur l'œil pour regarder la ville, ie remarque que ie voyois dans les maisons aussi clair que dans les champs, & d'autant que le Louure estoit en aspect droit au Mont-Valerien, i'arrestay mes bezicles sur la grande Gallerie, dans laquelle ie recogneu le Roy ioüant auec quelque ieune Noblesse. A l'vn des bouts d'icelle ie vis Monsieur de Luyne enuironé de plusieurs Princes, au commencement ie doutois que ce fut luy, parce qu'il estoit couuert, & les autres nuës testes : mais apres auoir regardé de rechef ie trouuay qu'il y estoit en personne, & Messieurs nos Grands en valets. Ainsi par le moyen de ces deux instruments, ie m'imaginay aussi tost que ie ne pouuois faillir que ie ne descouurisse de grands secrets en peu de tẽps, & qu'il failloit bien que mon predecesseur eust appris pendant le cours de sa vie.

Ruminant en moy-mesme sur toutes ces choses, ie me iette incontinent à genoux, priant Dieu de m'assister en tous mes mouuements : Et puis que ie m'estois retiré vers luy pour Mediter en sa gloire, ie le supplois de destourner de mon esprit toutes les vaines curiositez de la terre, à ce que les diuertissemens mondains ne retardassent mon ame de s'esleuer au Ciel, où gist le souuerain bien, & non en la recherche chagrine des maluersations ordinaires de la Cour, où pour des heures de plaisirs, on rencontre des années entieres de tristesse.

Discourant donc ainsi, vn doux assoupissement me print, tel qu'il suruient quelques-fois au Pere Berulle, lors qu'il se pert dans les extases de ses conceptions politiques : Or pendant cét endormissement, il me sembla que le Genie du feu Roy Henry le Grand me mit en main les deux instruments susdits, me disant : Ne crains d'vser de ces outils, voy tout, escoute tout, & note ce que tu remarqueras digne d'estre reuelé au public : car le salut d'vn Estat gist à descouurir ce qui s'y passe, à fin de preuenir le mal qui s'y brasse. Ne neglige donc de veiller au salut de la France que i'ay tant cherie, reuele librement ce que tu apprendras par tes secrets, si le Roy mon fils ne t'escoute à son dam, ses bons seruiteurs t'en sçauront tousiours gré, & trauailleront à leur possible de repousser les ambitieux desseins de trois auortons, qui veulent tout dissiper, pour establir leur orgueilleuse fortune.

Ces propos prononcez par vn esprit attristé, ce me sembloit, m'esueillerent aussi melancolique, que Cadnet, lors qu'il employa la premiere nuict de ses nopces à foirer, au lieu de caresser sa chere espouse : Neantmoins reuenant à l'affaire, ie me resoudis de suiure le destin, pour cognoistre celuy de la France, par qui ses desordres pronostique nos malheurs, & par nos malheurs la ruine infaillible de la Monarchie. De cela, chacun en remet la faute sur son compagnon, nul ne se dict autheur du mal, les Princes en accusent les Fauoris, les Fauoris le reiettent sur les Princes, chacun publie son innocence, les Conseillers d'Estat en lauent leurs mains, le Garde des Sceaux en est deuenu tout blanc de chagrin. Cependant le pauure peuple languit, & puis que luy seul en porte la peine, ie me resolus d'entendre attentiuement ses plaintes, sans m'arrester aux desguisements que les Grands mettent en auant, pour pallier leur lascheté, desquels ie ne laisseray qui ça, qui là, de recueillir les discours, pour paruenir à vn esclaircissement plus veritable de la source de nos miseres.

Sur ce subject, il me souuient d'vne dispute suruenue depuis peu, entre quelques Artisans du Fauxbourg de d'Arcenal, deuisans entre la poire & le fromage, sur la cause du mal-heur du temps, faschez de ce que l'on fortifie Quilebœuf, au preiudice de la promesse solemnelle que le Roy auoit donnée à ceux de Roüen, tant durant la tenuë de l'Assemblée des Notables, qu'encore depuis par ses lettres Patentes, portant la desmolition de cette place, comme ruineuse à toute la Normandie. Et cependant sans nulle necessité, & nonobstant les deffences du Parlement, on ne laissoit d'y trauailler, pour y establir vn nid de tyrannie, au grand detriment du pauure peuple. Chacun disant là dessus sa ratelée, l'vn soustenoit que Dieu le permettoit pour nos pechez, l'autre, que le Roy ne sçauoit pas tout le mal qui se commettoit sous son authorité: vn autre prouuoit que les Parlements ne valloient pas vn turlupet d'endurer telles choses : vn autre disputoit que c'estoit Monsieur de Luyne, qui auoit enuie d'y establir son frere Branthe, & de débusquer le Colonel d'Ornano de la Prouince : En fin vn bon vieillard prenant la parole, leur vint à dire, mes enfans, ie vous veux apprendre deux choses que i'ay remarquées durant le cours de ma vie: C'est que ie n'ay point veu de repos dans les maisons, ny de bon-heur dans le Royaume, depuis que les femmes sont deuenuës Casuistes, & que les fauoris ont gouuerné : Apprenez cela de moy, comme d'vn Prophete, tant plus les maris & les Bourgeois y penseront, & plus ils recognoistront que ie dis vray, ie m'en vay boire à vous tous là dessous: Ce bon Manant ratiocinoit-il mal, à vostre aduis? Voicy ce que mon predecesseur en a laissé en ses memoires.

*Depuis que les femmes ont mis*
*Le nez au tas de conscience,*
*Depuis ce temps-là les maris*
*Ont appris l'art de Penitence.*

Et en vn autre endroict i'ay trouué cét autre diction.

*Deslors qu'vn Monsieur se remet*
*Au gouuernement d'vn valet,*
*Tout desordre chez luy abonde,*
*Il se faict veoir foible d'esprit,*
*Son valet le pille & destruit,*
*Et se rend ridicule au monde.*

Tous les particuliers qui sont tombez en ce deffaut ont esté ruinés, & les siecles passez ont fait voir à la France la verité de ceste obseruation : Car toutes les fois qu'elle a esté reduitte sous ce ioug, l'Estat en a grandement paty, tesmoin ce qui s'est passé durant le regne de Henry III. D'autant que tous les mignons sont Chancres malins, principalement ceux qui s'emparent du commandement souuerain, lesquels terrassent tousiours leurs maistres, & rongent ses subiects iusques aux os.

Qu'ainsi ne soit, sans aller chercher les exemples de l'antiquité, arrestons nous à ce que nous auons veu, & voyons deuant nos yeux: Considerons les troubles que la France a soufferts pour cela, & les voleries qui s'y sont commises. Conchine n'a-il point dissipé tous les thresors que le feu Roy auoit amassez, & pour son subiect n'auons nous pas veu tous les Princes se sousleuer? Luyne ayant succedé à sa place, n'a-il pas encore faict pis, ayant rauy en vne heure toute la substance de l'autre? & non content, n'a-il pas espuisé toutes les Finances du Royaume, & surchargé le peuple d'vn nombre infiny d'Edicts tres pernicieux, entr'autres celuy des Procureurs, duquel i'ay trouué ce quatrain dans le manuscrit de mon predecesseur.

*Lors qu'on verra les Procureurs,*
*Erigez en tiltre d'Offices,*
*Alors accroistront nos mal-heurs,*
*Et des autres les malefices.*

Cependant il gaigne le tiers & le quart dans les Parlements par pensions & promesses. Le tout au détriment de l'Estat, & pour assouuir cét orgueil d'estre le seul dominant, & esleuer sa maison Prouençale au dessus de la Royale, au preiudice du Roy, de Monsieur son frere, de la Royne sa mere, & des Grands de la Couronne. C'est pourqouy les Diaphoristes du temps, qui penetrent dans les secrettes menees des Caballes, & tous nos Prophetes Gaulois soustiennent vnanimement que Luyne butte, ou à vne vsurpation, ou à vne dissipation de la Monarchie, tirans tous leurs argumens de la suitte de ses progrez.

Or parmy les durs ressentimens qu'apporte la preuoyance d'vn mal public, ie ne laisse neãtmoins de prendre par fois vn grand contentement à les entendre discourir la-dessus. Et ainsi sans m'arrester au iugement qu'ils en font, ie desduiray seulement les raisons qu'ils en alleguent.

En premier, ils s'arrestent aux augures funestes qui ont depuis trois ans en ça enuironné le Louure, entre lesquels ils en remarquent deux signalez, sçauoir l'ẽbrasement du Palais, de la Iustice, bras droict de la Royauté qui de fond en comble a esté deuoré par le feu, auec toutes les effigies des Roys de France, & celuy des Tuilleries, lieu de plaisãce des Roys, orné des plus rares peintures de la Chrestienté, où Henry quatriesme n'auoit voulu permettre que l'on y esleuast le Roy d'apresent durant sa ieunesse, de crainte que les femmes & enfans ne gastassent ceste demeure qu'il auoit reseruee pour vne retraitraicte à sa vieillesse: Et cependant l'insolence de Luyne s'est portee iusques-là, que de remplir les riches salles de ce logis, de paille, & foin, pour la prouision de ses cheuaux: qui a esté cause que l'accident d'vne chandelle à reduit en cendre les plus sumptueux lambris, plafonds & superbes cheminees de l'Europe. En suitte de ce sinistre presage, ils presupposent vn siecle tout corrompu en l'Eglise, en la Iustice, Noblesse, & Bourgeoisie. Tous les Princes (notez cecy) ieunes, foibles, diuisez entre-eux, sans grande experience, abbatus d'vn Fatory, qui sans contredit taille, coupe, rongne & dispose de l'authorité Royalle, de laquelle il s'est emparé par leur lascheté. De-là il le côcluent par cette maxime infaillible, que tout valet qui fait mieux ses affaires que celles de son Maistre, & qui se reuest effrontement de son authorité, tost ou tard il à enuie de le despouiller.

Cadnet (Duc de Chaume) ne faict pas la petite bouche, qu'il veut pour sa part la prouince de Picardie, Branthe la Normandie, & Luyne la Bretagne; le bruit estant tout commun qu'il aspire l'engagement de ce Duché, pour asseurance de cinq millions de liures qu'il dit auoir presté au Roy: Il butte aussi à s'approprier du pays d'Albert, à cause de la conuenance auec le nom d'Albret, à fin que la transposition d'vne R. ils se puissent dire Princes du sang, & en suitte legitimes heritiers de la Couronne: Ceux qui s'en pensent rire, qu'ils se souuiennent qu'vn an deuant que de se faire Connestable, il en fit courre le bruit, pour escouter ce que le monde en disoit, il fait de mesme pour l'alienation de la Bretagne, & de ce qu'il faict publier que sa Maiesté le veut faire Roy d'Austrasie, & luy donner la Couronne de Nauarre, par où il fait cognoistre ouuertement le desir qu'il a de paruenir à la Royauté: Adioustez à cela, disent les clair-voyans, le mespris qu'il faict des Princes du sang, abbatardissant peu à peu le respect deu à ceux de cette qualité, les iettant tant qu'il peut dans l'opprobre pour les faire decrier parmy le peuple: Il n'espargne pas mesme le Roy, sur lequel il reiette la mal-

veillance

veillance publique, afin de s'en garantir au preiudice de son Maistre : Qu'ainsi ne soit, toutes les actions que Luyne a iugé estre aggreables aux François (qui sont rares) il ce les a voulu attribuer seul, & là où il a preueu de la hayne, il en a chargé les autres : A il fallu verifier quelques pernicieux Edicts au Parlemens : Il s'est seruy de la presence du Roy, & de celle des Princes, mettant à couuert sa tyrannie, aux despens de la reputation d'autruy : A il fallu retrancher les Pensions? Il a faict porter le roolle d'icelles par sa Majesté, au logis du Comte de Chomberg, & luy s'en est allé à Lesigny, afin que le mécontentement de la Noblesse tombast sur le Roy, laquelle Luyne attire à luy par ce moyen; en leur promettant en particulier de les faire restablir par son credit, se faisant ainsi des creatures aux despens du Roy : Que cecy ne soit tres-veritable, il est bon de remarquer à ce propos vne gẽtille souplesse qu'il fit au camp d'Angers : c'est qu'apres la drollerie du Pont de Sé, on mist quelques soldats blessez dans l'Hospital, pour les faire penser. Le Roy leur enuoye à vn chacun vn escu quarts; & par apres Luyne leur fit donner par vn des siens, à chacun vne pistole, pour monstrer sa liberalité, en brauade de son Maistre. N'est-ce pas là vn bon valet, qui se ioue de la reputation de son Prince? Quand il a voulu restablir la Polette, & sçachant que l'Edit agreoit aux Officiers du Parlement, Luyne y a voulu aller seul, pour monstrer qu'il en estoit l'autheur. Mais quand il a fallu verifier l'alienation des 400. mille liures de rente sur le sel, il y a enuoyé Monsieur frere du Roy; employant vn Innocent au miniſtere de ſes volleries. Voila la routine qu'il pratique en ces pernicieux deſſeins : Qui ne voit pareillement que pour dominer touſiours, il tient M, frere du Roy ciuilement priſonnier? Quand il vint à Paris pour y faire verifier les derniers Edits, les Bourgeois croyoient qu'on l'alloit conduire dans la Baſtille : Il eſtoit dans vn caroſſe auec le ſieur d'Ornano ſon Gouuerneur; nulle Nobleſſe à l'entour de luy, ſinon vne compagnie de Carabins, conduits par l'Eſplan, ayans tous le corcelet & l'armet en teſte : N'eſt-ce pas de bonne heure accouſtumer ce ieune Prince à la ſeruitude d'vn Fauory qui veut regner? Le Royne Mere n'eſt elle pas ſous ſa captiuité? Ne la fait-il pas ſuiure les armees, ſans auoir reſpect à ſa qualité, & à ſon ſexe, ny aux incõmoditez de la longueur du voyage? Qui a iamais veu mener a la guerre des fẽmes & des enfãs? Il traine apres luy le Mareſchal Deſdiguieres, qui ſur ſes vieux iours ſacrifie lâchemẽt l'honneur de ſa fortune aux pieds inſolens de celle de Luyne. Le Pleſſis-Mornay ſuit honteuſemẽt ſon chariot triomphal, apres auoir fait vn ſecond volume du Myſtere d'Iniquité, pour dedier à Parabelle & Braſſac : Ce n'eſt pas iuſques à la perſonne du Roy qu'il n'appende à ſes trophees, & à laquelle il ne donne des attaintes furieuſes de ſon ambition. Vne des marques de la dignité Royalle giſt en la ſplendeur du reſpect que l'on luy rend, en quoy Luyne s'acquitte ſi mal, que par cette ſeule action il teſmoigne aſſez ſon peu d'affection, eſtant ſi irreuerend, qu'il traitte de toutes affaires, ſans le communiquer (que lors qu'il luy plaiſt) à ſa Majeſté, il parle à elle publiquement le bonnet sur l'oreille, il se fait mieux suiure qu'elle, & ce qui est à remarquer, il la meine à trousse bagage ça & là, ou ses interests particuliers l'appellent, sans en prẽdre aduis au Conseil ny mesme en parler à la Royne regnante, ny à la Royne mere sinon lors qu'on les fait partir.

Tous les voyages precipités qu'il fait faire au Roy, n'ont esté que pour aller debusquer quelque Gouuerneur pour s'accõmoder de leurs forteresses. Il en fera de mesme de la Couronne, si on le laisse suiure sa piste. Pourquoy non? Si en trois ans & demy de faueur, de simple Gentil-hõmeau il a bien osé effrontemẽt se reuestir de la charge de Conestable, au preiudice de ceux, qui de rang & de capacité le meritoient cent fois mieux que luy, ne pourra-il pas auec le tẽps s'approprier des fleurs de lys au preiudice des Princes du sang aussi? Et comme il a frustré les Ducs du Maine, de Guise, & le Mareschal Desdiguieres de la Cõnestablie, il poura bien exclurre les Bourbons de la Royauté. La centurie que i'ay trouué dans le memorial de mõ predecesseur doit faire resuer ceux qui y ont interest, voicy ce quelle contient.

*Des lys mourront en leur racine,*
*Deslors vn siecle mal-heureux.*
*Lors que les François mal gré eux*
*Boiront du ius de l'Aluine.*

Cette Prophetie marque grandement le temps present, ou l'on voit toutes choses sous le pouuoir absolu de Luyne, qui en quatre ans a espuisé le Royaume de Finance, & reduit son Maistre à l'emprunt. I'ay ouy vn des siens qui se vantoit auoir conduit grand nombre d'argẽt dans la Citadelle d'Amiẽs, & asseuroit qu'il y auoit plus de trente millions de liures, c'est pourquoy lors que le Roy alla en Picardie, il n'entra dãs ladite place que luy huictiéme. Luyne ayant cõmandé qu'on refusast la porte aux Gardes mesmes de sa Maiesté, & à toute la Cour : Adioutés à cette immense richesse, & à ce grand nombre de villes qu'il tiẽt, vn desir ambitieux de regner, l'infidelite des Frãçois qui sont auiourd'huy à qui plus leur dõne, la charge de Cõnestable qui luy attribuë l'authorité des armes, tout cela ensẽble ne luy fraye-il pas le chemin à l'vsurpation ? Qui l'empeschera d'y paruenir ? Le Roy qui est tout bon, M^r son frere, qui est comme en prison ? Les Princes qui sont en diuision, ou la Noblesse qui est adõnee à la coruption ? Non, non disent les Diaphoristes, le moindre mal qui peut ariuer à l'Estat, c'est la dissipatiõ.

L'ambition d'honneur est tolerable aux hommes, d'autant qu'elle nous porte aux actions genereuses : Mais l'ambition de regner est redoutable, en ce que pour y paruenir elle pousse l'esprit aux actions tyraniques : Luyne tient tout a faict du dernier, il entreprend tout audacieusement, il ne paroist doux que pour tromper, & promet largement pour abuser ceux desquels il a besoin, Ie m'en raporte a Monsieur nostre premier President de Roüen, & Dieu veille qu'il ne iouë vn tour d'ingrat au Roy, aussi bien qu'il a faict aux enfans de deffunct la Varenne, qui a esté l'autheur de l'auancement de Luyne, ayant procuré pour luy & ses freres neuf cens liures de pension, puis il fit tant vers le feu Roy qu'il l'augmenta à douze cens liures, & les introduisit Gentils-hommes seruans prés sa Majesté alors Dauphin, & en recompense comment il a traicté les enfans du deffunct? Iusques à desnier à la Comtesse des Vertus vn des moindres benefices vacans par le deceds de l'Euesque d'Angers son frere, desquels Luine a disposé à son plaisir: S'il a esté ingrat à ceste maison, & enuers beaucoup d'autres de ses bien-faicteurs: La continuation de ces procedures ne promet pas qu'il face mieux enuers le Roy. Tant l'ingrat est vne beste abominable & mal-faisante.

Et d'autãt qu'il n'y a que les Princes qui le peuuent trauerser en son agrandissement, i'escoutois vn des sublimes speculateurs du tẽps qui racontoit que le premier cõseil que D'Eagen & le Pere Arnoux dõnerent à Luyne fut d'empescher le retour de la Royne mere, pres du Roy. C'est pourquoy ce Iesuite fut enuoyé à Blois visiter ladicte Dame, où estant il s'efforça pieusemẽt de persuader, voire de faire iurer à ceste Princesse sur les sainctes Euãgiles qu'elle ne reuiendroit en Cour ny ne demanderoit à voir ses enfans, que quand les affaires du Roy le permettroient, c'est à dire celles de Luyne: & le second cõseil fut de trauailler au plustost à mettre la des-vnion entre les Princes, ce qu'il a si bien pratiqué, qu'il a eu cét astuce de faire croire à sa Majesté, que luy & ses freres estoient les seuls fidelles seruiteurs sur lesquels elle se deuoit reposer, rebutant tous les autres, de quelque qualitez qu'ils fussẽt. Ce n'est pas iusques à la Royne qu'ils esloignent tant qu'ils peuuent des embrassemẽs du Roy. Ils portẽt l'esprit de sa Majesté à viure en soupçon de Monseigneur son frere, & sur tout la Royne sa mere. En suitte de cela pour ruyner les Prouinces plus facilement, Luyne a semé la diuision parmy eux: Premierement il faict son possible à ce que Monsieur frere du Roy, & Monsieur le Prince ne s'entre-ayment point, se seruant à cét effect de certains valets qui font tous les iours de petits rapports à l'vn & à l'autre, pour alterer leur affectiõ. Pareil soin a-il qu'il ne se renoüe aucune intelligence entre la Royne mere & ledict Seigneur Prince, afin de subsister tousiours aux despens des deux: Le mesme fait-il entre ledit Prince & Comte de Soissons? & sont tous si aueuglez de ne preuoir que Luyne triomphe de leur simplicité: Que Madame la Comtesse se souuienne que lors qu'il resolut de continuer la detention du Prince au Bois de Vincennes, il luy protesta de la seruir en tous les interests de Monsieur le Comte, & ne vouloit tenir sa fortune que de sa bien-veillance, employant au mesme instant (notez cecy) le verd & le sec pour aliener l'ancienne amitié qui estoit entre ladicte Dame & ledict Seigneur Prince. Puis quand il a veu ne le pouuoir plus detenir prisonnier, il a quitté le Comte, & tasché de gaigner le cœur du Prince, luy faisant entendre qu'il trauailloit à disposer l'esprit du Roy à luy dõner la liberté, afin de l'obliger par là à s'opposer aux efforts nouueaux d'vn grand party qui se formoit contre la tyrannie des trois freres. Non cõtent de cela, pour se descharger de la detention du Prince & des enfans qui luy estoient morts dans le Bois de Vinciennes, Luyne luy fait entendre faussement que ladite Dame auoit empesché sa liberté pour le rendre plus irrecōciliable. Voila comme il a abandonné le Comte, sans se souuenir de l'assistance qu'il en a receu, & s'est appuyé du Prince en ces derniers mouuemens, qu'il a puis apres quitté, quand il a pensé n'en auoir plus affaire, & s'est remis auec ledit Comte duquel il se seruira, & le trompera cōme auparauant. Autant en a il fait de la maison de Lorraine, de laquelle il a tiré de grands suports, & puis a fait des nazardes à Monsieur de Guise, auquel il auoit promis la charge de grand Mareschal de Camp & armee, pour luy faire quitter ses pretentions de Connestable: Mōsieur du Mayne a esté traité de mesme, auquel cette dignité appartenoit, & par merites, & par promesses du Roy: & le Mareschal Desdiguieres (quoy que vieux Renard) s'y est laissé piper, & quasi tous les Grāds de la Cour. C'est pourquoy vn bon compagnon disoit que Luyne faisoit des Princes comme des seaux d'vn puis, l'vn desquels on faict descendre en bas toutesfois & quantes qu'on tire l'autre en haut pour auoir de l'eau. Vn autre rencontra aussi plaisamment, qui comparoit Luyne à vn danseur sur corde, lequel panche ou hausse son contre-poids, pour l'acommoder aux mouuemens de son corps: Qu'ainsi faisoit-il des Grands, les approchant ou reculant, selon qu'il recognoist en auoir affaire, pour se maintenir au sommet de la roüe de fortune.

Sur cela i'entends la populace qui s'écrie contre tous les Seigneurs, les accusās de lascheté, & Messieurs du Conseil d'infidelité, de consentir à tant de calamitez causees par vn Fauory: Pour moy i'aduouë que ie ne m'estonne pas si fort de nos miseres, que la cõtinuation de nos desordres. Admirant en moy mesme comme tant de cõfusions passées (qui toutes ont pris naissance de l'ambition des mignons) n'ont en fin rẽdu les François plus prudens. Et que tant de vieux conseillers d'Estat n'ayent trouué moyen de remedier aux maux de l'Estat, ou que du moins ils n'ayent publiquement donné leurs aduis pour les preuenir?

La durée des guerres fait les bons soldats, mais la longueur de nos desolations ne nous rend point plus sages au faict du gouuernement. Où est seulement le premier qui aye encore aduerty le Roy des bourasques qui menassent sa Couronne? Exempterai-ie ceux qui ont vieilly dans les affaires qui regorgent de biens, qui ont mesme le pied dans la fosse, & ausquels il ne reste rien à souhaiter, que de faire quelque genereuse action pour mourir glorieusement! Helas aucun d'eux n'a encore porté les ressorts de son courage iusques là. Ils sont Conseillers de complaisance, & non de conscience r'affinez à la mode, & nourris de maximes accomodantes.

Cependant nous sentons les orages des vents furieux du Midy, sortant des Pirenées & monts Apenins, & ceux qui sont commis aux eschauguettes pour descouurir l'ennemy n'en disent mot: Voila l'habileté des gens du siecle, & l'estat ou nous sommes reduits: Estat deplorable, & mal-heur irremediable tout ensemble! La dessus i'entens dire à Contade qu'il ne se faut estonner de tout cela, que ce Royaume a tousiours subsiste dans les confusions, que Monsieur de Luyne ne fait rien que ses predecesseurs n'ayent fait de-

uant

uant luy, & que de son costé il n'estoit obligé de faire mieux qu'eux que c'est l'opinion de Madamoiselle de Gournay, & Roussélay, que ie deuois nommer le premier, voire mesme du Pere Arnoux, & toute la saincte Societé.

Ainsi nos Conseillers aussi bien que nos Princes semblent consentir à tout par vne commune lascheté. Que n'ont ils pour le moins autant de preuoyance pour la conseruation de l'Estat, que Luyne en a pour la sienne propre? Il y a tantost quatre ans que i'ouys les trois freres consultant de leurs affaires en vne des chambres du Louure, en quoy ils tomberent tous d'accord qu'il falloit en toute diligence qu'ils se fortifiassent le plus qu'ils pourroient d'alliances, d'argent, & de places; Afin, disoit Branthe que tous ceux que nous auons offencez, & que nous offencerons, ne nous puissent nuire, en cas que le Roy vienne à nous manquer, soit par le deceds de sa maiesté, soit par vn changement d'affection: Nous auons ces deux poincts à craindre, disoit Cadnet: mais vous oubliez la Royne mere. A quoy il nous est aysé de remedier, en la detenant tousiours prisonniere, ou en luy donnant tant de trauerses, que nous en puissons estre deliurez par ses ennuys. Le plus seur de tout, repliqua Luyne, est de nous establir par tout si puissamment, que nous puissions donner la loy à qui nous voudra heurter, quelque accident qu'il suruienne: Nos Princes & Conseillers deuroient faire le mesme, & preuoir que des petits galans ne se rendent si absolus dans cette Monarchie, qu'ils ne se facent souuerains, en cas qu'il arriuast faute du Roy, ou que sa Majesté vint à recognoistre les abus de tels fauoris, & à vouloir chastier leur insolences? Qui ne voit que Luyne seul est si puissant de villes, de Finances, & de Creatures, qu'il peut plus aysement trauerser le Roy en son Royaume, que le Roy luy? C'est la preuoyance generalle que doiuent auoir tous les François: Car le Duc d'Espernon à bien donné la loy à ces Messieurs, n'ayant que trois ou quatre places, à plus forte raison, Luyne qui a des Prouinces entiere auec les meilleures forteresses de l'estat. Et puis il est si acoustumé à faire le Roy que mal-aysement luy en fera-on quitter la pratique. Il commande en Roy, parle en Roy, escrit en Roy, ose mander que ces paroles vallent Breuets: Ie ne pense pas que sa Majesté puisse faire dauantage; il a plein vne escarcelle de Breuets, de pensions & d'Estats de Mareschaux de France, auec lesquels il besfle vn chacun: Ce n'est pas iusques à Chastillon qui a trahi sa Religion pour estre de ces Mareschaux à la douzaine, desquels on fera aux premiers iours vne compagnie de Carabins: Ha! Chastillon! tu n'es pas descendu de ce Gaspard, tu es de la race du siecle, & comme tel tu as esté chassé honteusement hors de Montpelier auec toute ta famille, qui sera à iamais vne marque d'ignominie pour ta posterité.

Helas! il n'est pas seul enfariné d'ignominie tous nos Grands en sont vn peu barboüillez, excepté le Duc du Mayne. Aussi bon Dieu à quel degré de mespris est auiourd huy reduite la reputation de nos Princes? Il y a de l'horreur à l'escouter & de l'estonnement à le croire, chacun les despeignant auec les plus chetiues couleurs du monde. Les personnes iudicieuses en general les tiennent sans cœur, sans honneur, & sans prenoyance. Ce n'est pas iusques aux femmes qui ne les mesprisent ? Il y a quelque temps que i'escoutois des Crocheteurs beuuans en vn cabaret, l'vn desquels se mit sur la fripperie des Grands & sans respect de leurs extractions, qualitez ; ny crainte de reprehension de Iustice, disoit mille sornettes d'eux : Mais ce que ie supporté plus impatiemment, ce sont les mesdisances qui se publient au desauantage de l'honneur deu à ces bons Princes de la maison de Guise, vrais Catholiques s'il y en eut iamais, & qui ont tousiours eu (quoy qu'on en die) plus d'ambition de bien faire que de regner, principalement ceux d'apresent, lesquels neantmoins on accuse d'estre tant soit peu lasches, quoy qu'au reste tres gens de bien & fort endurans : horsmis le Cardinal qui solicite ses procez à coup de poing. Cependant quelques enuieux heretiques ou fauteurs appellent Monsieur de Guise tantost Pere-souffrant, tantost estaffier de la faueur, Dieu te gard la Rose & autres semblables tiltres ridicules, qu'ils disent auoir acquis selon les occurences du temps, ce qui rauale grandemēt la gloire que ses ancestres auoient acquis à cette race. Mais ce que i'entendis de trois personnages deuisans dans le Cabinet du Garde des Seaux, me fit seigner depuis le front iusques au nombril. Ils soustenoyent qu'vn des bons Mareschaux de France auoit porté parole au Duc de Guyse, que les Ducs du Mayne & de Neuers l'attendoient auec son frere Giuuille, & que si le cœur luy en disoit qu'il les conduiroit tous deux au lieu où les autres estoient ; à quoy le Duc seigna du nez. En suitte vn autre asseura que Monsieur de Neuers auoit eu enuoyé vn Gentil homme Lorain nommé Bolandre vers le Prince de Ginuille pour l'appeller en duel. Bolandre estant à Fontaine bleau, va droict au logis dudit Prince qui le cognoissoit, lequel d'abord l'embrassa, & luy fit mille caresse, ne sçachant le suject qui l'amenoit en France. Ce Lorrain demeure huict iours à sa suitte sans descouurir son dessein à personne, espiant tousiours l'accasion de luy porter la parole du combat. Vn iour Ginuille, & quelques autres discourans des belles Dames le Prince dit à Bolandre qu'il luy en vouloit faire voir vne des plus belles de Paris: Ce Lorrain luy replique qu'il en sçauoit vne plus gentille que la siēne, que s'il luy vouloit iurer d'estre secret qu'il la luy feroit voir en chemise: Ginuille luy promit, mais dit le Lorain, vous auez des gardes? le moyen de vous eschapper, laisse moy faire, dit le Prince, iem'en desmesleray bien: Alors Bolandre s'approchant de son oreille, luy dit, c'est Monsieur de Neuers que ie vous feray voir en chemise auec l'espee en la main, & vous y conduiray si le desirez: A ces mots, ce Prince, au lieu d'aller où son honneur l'appelloit, s'excusa tout haut; disant qu'il ne si pouuoit trouuer contre les deffences du Roy, ny quitter les gardes que sa Majesté luy auoit fait bailler. Ainsi l'affaire fut esuentee, & Bolandre s'eschappa.

Le Duc de Guise a faict vne cagade aussi gentille que celle là, qu en despit de ce que Luyne luy refusa de traitter de la charge de General des Galleres, il partit de Fontaine bleau pour s'en venir à Paris, en resolution de mettre de force son frere le Cardinal hors du Bois de Vincennes, A cet effect, il communiqua son dessein au Cheualier de Bioux, lequel il coniura de se tenir prest auec ses amis, pour le lendemain matin; Bioux qui est braue & hardy tout ensemble, luy promit, & de faict, dés l'heure donnee, il ne manqua de se rendre à l'Hostel de Guyse, pour aduiser aux moyens de l'execution. Il trouue le Prince encore endormy, & comme il se pourmenoit en la Cour du Manege, attendant qu'il fust esueillé, il rencontra l'Abbé de Han l'Escalopier, auquel il demanda où il alloit si matin? Faire visites, dist l'Abbé? si vous n'estes pressé, repliqua Bioux, ie vous veux faire veoir vn homme qui estoit hier au soir extremement camus, & ce matin i'espere que vous & moy le verrons sans nez. L'Abbé de Han qui est bon railleur, dict qu'il en estoit content, & ainsi s'en vont droict à la chambre du Duc, lequel s'habilloit, apres luy auoir fait la reuerence. Bioux luy demanda s'il s'estoit souuenu des propos qu'il luy auoit tenu le iour d'auparauant? Ouy bien, respondit le Duc, mais i'ay resué tout la nuict sur cét affaire, & ay troué qu'il est plus à propos que i'enuoye ma femme à Fontaine-Bleau, pour faire sçauoir à Monsieur le Connestable mon desplaisir, & ma resolution quand & quand, au cas qu'il ne me donne contentement. Hé bien (dit Bioux à l'Abbé:) Ne suis ie pas homme de promesse, ne vous ay ie pas dit que ie vous ferois veoir vn Gentil-homme qui estoit hier au soir bien camus, & que ie vous le ferois voir ce matin sans nez? A ceste repartie chacun se prit a rire, & le Duc comme les autres. Tant il est bon Prince? Apres cela il ne faut plus s'estonner si nos Fauoris font les Roys, puis que la lascheté de nos

Grands ſert de marche pied à leur formidable eſtabliſſement. Car qui conſiderera depuis le commencement de leur fortune iuſques à l'heure de maintenant il remarquera que la ſeule puſilanimité des Princes les a portez où ils ſont à preſent, ce que Branthe, Luyne, & Cadnet n'euſſent iamais entrepris s'ils euſſent veu en eux tant ſoit peu de generoſité, eſtans les plus timides poltrons qui ſoient onc ſortis de Prouence, teſmoin ce qui s'eſt paſſé aux mouuemens derniers, où aucun d'eux n'a fait aucun exploit, ny paru à la campagne; Luyne s'eſtant touſiours tenu dãs le quartier du Roy: Cadnet s'eſtant renfermé dans la Citadelle d'Amiens, & Branthé eſtoit demeuré hypopondriaque dans Poictiers, au lieu d'eſtre tous trois les premiers aux charges de guerre, comme ils veulent eſtre aux charges de l'Eſtat, puis que c'eſtoit pour eux, & contre eux que la feſte ſe preparoit.

Cadnet, n'a-il pas monſtré en toutes ſes actions qu'il n'eſt propre qu'à la piaffe & recentement en ſon Ambaſſade d'Angleterre, où il eſt allé auec vn equipage Royal, ayant eu l'ambition de ſe faire ſuiure par huict ou dix Cheualiers du Sainct Eſprit; Ce qui fut cauſe que les Anglois par complimens luy preſenterent vn Cartel de deffi de dix contre dix au Tournoy, dont il s'excuſa honteuſement, ſur ce qu'il diſoit n'auoir amené ſes grands cheuaux pour paroiſtre en la courſe, & ſur ce que les autres luy offrirent de l'en accommoder des meilleurs de leurs Eſcuries, Il repliqua qu'il eſtoit preſſé de s'en retourner, engageant par ſi laſche deffaicte l'honneur de ſon maiſtre, & de la nation Françoiſe. Si Branthey eust esté en sa place, il eust mieux mis sa reputation à couuert : Car il n'a pas de honte de marcher à la teste de la Compagnie des cheuaux legers du Roy, sous vn parasol de velours cramoisi, ainsi que les Dames de Poictiers l'ont remarqué au voyage de l'annee passee. Et puis faites vous assommer pour deffendre telles gens, qui ne demandent que la mort d'autruy pour attraper leur despoüille. C'est pourquoy Monsieur de Montmorency doit prendre garde de ne se trop engager en la guerre de Lãguedoc, que si par malheur il luy arriuoit d'estre tué, ils se mocqueroyent de luy, en se reuestissant de ses charges. Ainsi les bonnes femmes disent qu'ils sont habilles de rencontrer tous les iours des sots qu'ils attirer à leur party, renuersans par promesses tout ce qui s'oppose à leur grandeur, tesmoin la Ligue des mal-contents, qu'ils ont descousuë sans mettre la main à l'espee.

Là dessus, i'en oy d'autres qui repliquent que ce n'est pas leur habileté : Mais la seule lascheté des hommes du temps, qui a rendu leur fortune heureuse & de duree ? Or en tout cela qui m'a le plus embroüillé la ceruelle ont esté les diuers discours que i'ay entendus sur les occurences des mouuemans deniers, à raison des diuers iugemens que chacun en faict, selon la passion qui l'emporte. Les vns soustenans les armes de la Royne mere auoit esté tres iustes, comme fondees sur la deffence de sa liberté, & pour preuenir les oppressions dont elle estoit menassee par les violences d'vn Fauory, qui par des artifices abominables de charmes & de mensonges s'efforce de destourner l'affection naturelle du Roy son fils, à fin de le posseder seul, en depossedant la mere de la place qui luy est deuë, & dans l'Estat, & dans le cœur de sa Maiesté, abusant de l'authorité souueraine, pour opprimer tous les grands.

Caux qui deffendoyent Luyne, disoient au contraire, que c'estoit au Roy à qui on en vouloit, contre lequel on ne peut iamais armer iustement, quelque pretexte que l'on puisse prendre. Qu'il n'apartient à la Royne mere de controller les affections de son fils; Qu'elle se doit contenter de l'honneur que sa Maiesté luy rend, sans qu'elle ny les Princes se meslent de l'Estat, qui est gouuerné si sagement par la prudence de Monsieur de Luyne, que la femme de d'Sagen a soustenu deuāt Madame Desdiguieres, qu'il auoit mis les affaires de la France dans les voutes Empirees. Tant ceste Dame a de naïueté! Toutes ces raisons neantmoins n'ont pas empesché la leuee des armes, du succez desquelles i'ay encore eu les oreilles diuersement battuës, les vns extollant les exploicts de Luyne à l'esgal des conquestes de Charlemaigne, & les autres du party de la Royne mere: accusans le tiers & le quart du mauuais succez des affaires, pour palier leur lascheté & excuser leur imprudence.

Pour donner mieux tout cecy à entendre, il faut raconter ce que i'ay ouy des plaintes des particuliers pensans courir en gros les fautes qu'ils ont commises dans le detail. Les premiers sont ceux qui auoient entrepris de deffendre la Normandie des oppressions de Luyne. En quoy ils se sont trouuez descheuz, non par faute de disposition du costé du peuple, mais pour n'auoir sçeu tenir l'ordre qu'vn masle courage y eust peu apporter, & par cette voye eschauffer ceux qui se sont refroidis, voyans si peu de resolution aux Chefs qui les deuoient deffendre : Ceux qui estoient au Pont de Sé, chantent vn pareil iargõ, chacun rejettant la faute sur son compagnon & nul cõfessant la sienne Hors mis le Duc de Rets, qui soustient n'auoir reculé que pour mieux sauter prouuant pr le prouerbe Italien que *non fuggechi torna à taza* : en quoy s'il a eu du mal'heur, il l'attribuë aux bleues venes que son Oncle le Cardinal luy a fait prendre, qui luy ont causé beaucoup de honte & peu de profit, en quoy il a reçeu vn notable interest en la necessité de ses affaires. Pour tous les autres, ils mettent leur poltronnerie a couuert sous la Mitre de l'Euesque de Luçon, lesquels ils chargent de toutes les disgraces qui leur sont suruenuës, à raison des intelligẽces qu'il a tousiours eu auec Messieurs de la faueur : L'Euesque d'vn autre costé, reiette tout le mal aller sur les impertinences des esprits de quelques-vns, & bassesse de courage des autres, qui ne sont propre qu'à faire les turbulans dans les villes, & non a s'pposer genereusement au peril des combats.

Or parmy la diuersité de ces raisons, ie me trouue quelquefois si confus, que ie suis contraint d'auoir recours à mon escoutoir, pour entendre les aduis des iudicieux du temps, lesquels aprofondissans le tout meurement, soustiennent que Luyne ne peut s'attribuer grande gloire en la victoire du Roy? Ny la Royne mere grand blasme en la conduitte de son party : Pour le Roy, il a vaincu sans ordre, & elle a combatu sans resistançe, ce qui a demonstré la foiblesse gene-

de l'Estat François : Car il n'y a rien de plus certain, que si l'Estranger fust entré dans le Royaume auec seulement dix-mil hommes, il eust faict fuyr deuant luy les forces du Roy, & celles de la Royne sa mere, tant il y auoit de confusion & de Chefs peu experimentez de part & d'autre.

De sorte, disent-ils, que la seule presence du Roy, que Luyne a hazardé pour se mettre a couuert, a esté vn espentail a niais? & partant les trophées de Monsieur le Conestable ne sont si grãds qu'on les publie, puis que aisement on les redige par escript en des petits liurets de trois fueilles, dans lesquelles il ne se peut remarquer aucune chose digne d'estre laissée à la posterité. Quãt au fait de la Royne mere, il n'a pas esté renuersé faute de Iustice : mais par la seule lascheté de la plus part de son party : Qui a empesché qu'on n'aye mieux faict dans Rouen, & que ceux qui commandoient n'ayent preuenu ceux qui les ont preuenus? Ce n'a pas este la barbe de Monsieur nostre Archeuesque, ce n'a esté que leur foible resolutiõ: Surquoy s'excusera Prudẽt de n'auoir mieux munitionné & deffendu le Chasteau de Caën? pourquoy quelque Grand ne s'est il ietté dedans ainsi que fit le Duc du Mayne dans Soissons? Si cette place eust esté confiée à vn hõme de courage la moindre deffense faisoit tourner le dos aux armes de Luyne, & donnoit tẽps à celles de la Royne, qui par ce moyẽ en eust deliuré l'esprit du Roy du charme des trois freres, Ceux qui sont prés de Madame la Comtesse de Soissons, sur qui reietteront-ils la confusion de leurs brouillons Conseils? Serat ce sur l'auarice qu'ils peublient de leur maitresse? Cependant qui les escoutera caqueter ils ont fait desmerueilles Autant en diront plusieurs autres qui sçauẽt faire mille belles propositions & n'en sçauent executer aucune. Nõ plus que Marillac les desseins, de ses fortifications, ny le Cardinal de Sourdy arrester le vol de ses legeres imaginations : En vn mot voila le veritable pourtraict de ces derniers mouuemens, ou Luyne a employé l'ẽtiere authorité & les Finances de l'Estat pour son seul interrest : La ou il est àpresumer que la Royne mere à esté contrainte de s'incommoder en la conduitte de ses affaires, pour accommoder à l'intrest d'aucuns particuliers qui la suiuoient ; Luyne au rebours risquoit son maistre & son Royaume aux despens du public, pour seul se mettre à l'abry de l'orage.

Ce que la Royne mere n'eust iamais voulu hazarder, cõme de fait elle a bien monstré, ayant mieux aimé s'assuiettir à vn traitté de paix, quoy que desauantageux, que de regner en la cõfusiõ : Ainsi qu'elle eust peu faire, si elle eust passé en Guyenne. Mais son bon naturel là tousiours retenue dans le respect & amour qu'elle doit au bien des affaires du Roy son fils, & du public. Pleust a Dieu que Luyne en eust autant pour son Maistre les choses ne seroient reduites en l'estat deplorable qu'elles sont à present, pour la gloutonnie de son ambition deuorante qui le faict passer pas dessus tout respect, pour paruenir au but de ses orgueilleuses pretentions ! Ce n'est pas iusques à la personne du Roy, de laquelle luy & ses freres abusent auec mespris. Se peut il riẽ remarquer de plus insolent, que ce qu'a fait Brãthe, quand de haute lute il osta à la Chesnaye la place de premier cheuau Leger de la Cõpagnie du Roy, pour la bailler a la Faucherie, au preiudice du dõ que sa Maiesté en auoit fait de sa propre bouche a la Chesnaye ? Mais vn de mes plus grands plaisirs, fut lors que i'escoutay la reprimande, que Luyne fit a Desplan, sur le suiect de la charge de Grand Preuost. Il faut icy noter que lors que les premieres nouuelles de la maladie du Sieur de Berengenile arriuerent au Louure. Desplan iouoit auec le Roy, qui de son propre mouuement luy donna ladite charge, au cas qu'elle vint à vacquer. Ce don estant venu aux oreilles de Luyne, il enuoye aussi tost querir Desplan, & auec qne esmotion de colere, luy demanda qui l'auoit fait si hardy que d'accepter ledit Estat auec de grãdes menasses, de sorte qu'il fallut que Desplan luy remist ledict Office de Grand Preuost. Au mesme instant ie vis Luyne qui alla trouuer le Roy, auquel il dit d'abord sãs parler n'y de parchemin ny de cire Auez vous donne la charge de Berengeuille à Desplan. Sa Maiesté a demy surprise, luy respondit que ouy Vraiement, repliqua Luine, vous sçauez bien ce que vous faites ! Cette charge est la recompense d'vn braue Caualier, & vous l'allez donner à la volee a vn ieune sot. Voila bien le moien de ruiner vos affaires.

Quand ie considere ce que dessus, ie demanderois volontiers a Luyne, qui taxe le Roy d'auoir gratifié Desplan de la Grand Preuosté de l'Hostel, auquel de fait il l'a osté, pour en reuestir Modene son oncle. Que dira-il si on l'interroge sur l'Estat de Connestable, qu'il a extorque de sa Maiesté ; Respondra-il que le Roy ne fait point de faute quand on luy donne quelque chose? Il noseroit dire non plus que sa Maiesté l'aye faict par deliberation de son Conseil : Le contraire se prouue par les lettres que le Roy a escrit aux Grands de son Royaume sur ce suiet, lesquelles Luyne a fait dresser a sa fantaisie. En voicy la teneur de quelques-vne, *Ie vous ay aussi voulu donner aduis comme i'ay pourueu mon Cousin le Duc de Luyne de la charge de Connestable de France, ayant iugé que le restablissement d'icelle seroit grandement vtile & aduantageux au bien de mes affaires, & de mon Royaume, en la mettant entre les mains d'vn personnage qui ait toutes les bonnes qualitez qui sont en luy, en quoy ie m'asseure que le succez respondra à mon attente, & que les effects reussiront au contentement de ceux qui aimeront ma personne, & le bien de mon seruice.* &c. Ces lettres dattees du quatriesme Auril, à Paris. Par icelles on voit qu'il n'y a vn seul mot qui face mention que l'affaire ait passé par l'aduis du Conseil, elles portent purement la volonté du Roy, & les loüanges de Luyne, qui sans capacité & sans necessité à voulu faire reuiure en luy ceste dignité qui auoit esté suprimee par l'aduis du feu Roy, & de son Conseil, & tout cela en brauade des Grands, & au preiudice du Royaume. Entre les Centuries de mon predecesseur, voicy ce que i'ay trouué sur ce suiet.

*Lors que l'on verra renaistre*
*Vn Connestable nouueau,*
*Vn valet fera renaistre,*
*Et la France son tombeau.*

Mais d'autant que le sens du dernier vers est vn peu ambigu, ne sçachant s'il entend que ceste charge sera le cercueil du Connestable ou de la

France, ie pterois volontiers l'Archeuesque de Sens de l'esclaircir : Ou bien ie me mettray de bon cœur à genoux, pour supplier Luyne de declarer Franchement, lequel il choisiroit des deux. Ie croy qu'il affectionne tant la France, qu'il aimeroit mieux qu'elle perist que luy, parce qu'il a le secret de la pouuoir faire ressusciter par l'entremise des Iesuistes, auec assistance de l'Espagne à laquelle sous main il ouure les bras, tesmoin les affaires du Palatinat, de la valtoline, & les remuemens nouueaux contre les pauures Huguenots que l'on attaque, à fin que sous couleur de Religion, Luyne se puisse approprier de la Rochelle, pour y bastir le bouleuart de sa grandeur, & par ce moyen mettre le feu dans l'Estat, qui est le dessein de Castille, qui preted par là auoir part au debri: C'est ce que mon bon Hermite a remarqué en ceste cẽturie, de laquelle les vers sont tels,

*La saicte Ligue culbutee,*
*Soubs le regne du Grand Henry*
*Se trouuera ressuscitee,*
*Soubs le regne d'vn fauory.*

Helas! qu'il y a grande apparence de redouter les effects de cette Prophetie. Si la Martilliere a ose dire en sa Harangue que les predecesseurs de Luyne auoiẽt restably nos Roys en leurs trosnes lors qu'il enuoya cõme valets les Ducs de Guyse, & Desdiguires pour faire enregistrer au Parlement ses lettres de Connestable, n'ayãt daigné faire l'honneur à ce corps de les y presenter luy-mesme? Pourquoy i'oserois bien asseurer, suiuãt la voix publique que nous & nos successeurs diront qu'vn Fauory les a détrosnez dans l'oportunité d'vn siecle corrompu, ou tout est en vente, la vertu ſans prix, la probité deſeſtimee, & l'infidelité recompēſee. Helas! ſera-il reproché à la France qu'vn homme de neant diſſipe l'Eſtat, & face plier ſous ſon auctorité tous les Grands de la Monarchie, ſans que perſonne s'oppoſe aux deſſeins de la Souueraineté qu'il vſurpe inſenſiblement. Abuſera-il touſiours du nom du Roy, & de la tutelle de Monſieur ſon frere, Monſieur le Prince de Condé laiſſera-il paſſer l'heritage de ſes peres à vne lignee eſtrangere? L'honneur ne l'animera il pas pour deffendre l'innocence de ceux de ſon ſang? l'Eueſque de Luçon trempera-il touſiours dans les conſeils foibles qu'il dōne à la Royne mere, afin qu'elle ſerue de trophee à la grandeur de Luine, qui la fait ſuiure par tout comme vne ſimple ſeruante? Monſieur le Comte croupira-il ſans fin dās l'oiſiueté ſous vn Gouuerneur Pedans? Le grand courage de Madame ſa mere ne le portera-il point a ſe reſſentir du meſpris que l'on fait de lui? Ville loing deſtournera il touſiours la generoſité de ce braue Duc du Maine, ſeul eſperance des François? duquel Luine s'eſt mocqué, comme il a fait auſſi des Duc & Cardinal de Guiſe, Ginuille, d'Albeuf, Montmorenci, des Ducs de Nemours, Longue-ville, Neuers, de Vendoſme, du Grād Prieur de Rohan la Trimoüille, Subiſe, Crequi, & de tous les Mareſchaux de France, qui ſont auiourd'hui reduits ſous le commandement d'vn Coneſtable Fauconier? Ha! qu'ils auroient bien plus d'honneur de mourir glorieuſemēt, en s'oppoſant à tels Fauoris, que de languir honteuſemē: comme ils font ſous la domination de leur inſolence! Et toi pauure Deſolan, medite ſouuent ſur la mort du pauure Haran, qui eust esté Connestable s'il eust vescu. C'est pourquoi Luine voiant qu'il entroit trop en faueur, l'enuoia en commission dās l'autre mõde, qui est vne belle leçon pour toi, contre des gens qui veulent estre absous. Et quant au Marquis de Quœuure, il se souuiendra s'il lui plaist qu'au mois de Mai de l'an six-cens vingt & vn, Luine lui a escroqué Laon, cõme lõg tẽps y a Caen au Grãd Prieur, pour mostrer que Luine veut tout auoir, Ainsi ie conclurai qua la cõdition du Roi (qui ne voit ni oit que par autrui) est deplorable, que les plaintes des deux Roines sont cõsiderables, que la pusilanimité des grands est extrememẽt blasmables, que leurs excuses ne sõt receuables, que le mal qui a pris racine dās l'Estat est irremediable, mais que l'autorité que Luine vsurpe est pardessus tout formidable, puis qu'on voit à pertemẽt qu'il n'a dessein que de mal-faire sur tout de se seruir finemẽt du pretexte specieux de la Religion, pour estouffer les Catholiques Roiaux, sous ombre de ruiner les Huguenots, & par ceste voie destituer M. frere du Roi, & tous les Princes du sang du seul appui qui leur reste pour s'opposer a la tirannie de Luine, & a l'vsurpation qu'il proiette de l'Estat.

*Reprenez cœur abbatus Princes :*
*Ouurez les ieux pauures françois :*
*Et n'endurez plus que trois Rois,*
*Partagent du ROY les Prouinces.*

FIN.

# ADVERTISSEMENT DE HENRY LE GRAND:

## AV ROY.

Sur les affaires de ce temps.

MDC. XXIII.

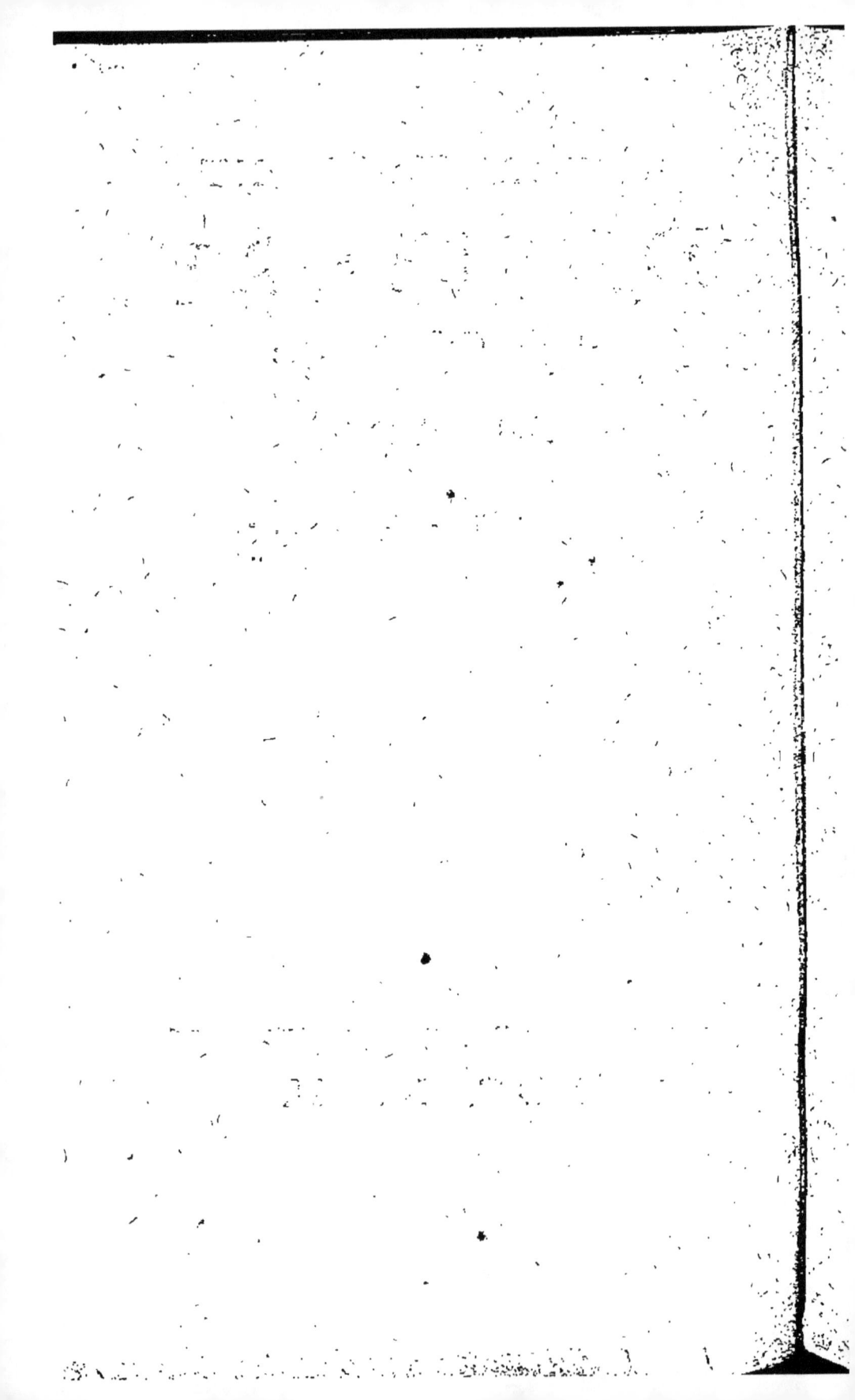

# ADVERTISSEMENT DE HENRY LE GRAND AV ROY.

*Sur les affaires de ce temps.*

I'AY receus auec vn contentement inexpliquable, les nouuelles de vos victoires, dans les champs Elisiens, il y auoit long temps que ie gemissois du plus creux de ma poictrine, de voir la France le seiour de ma valeur, & la demeure ordinaire de mes plus ardants desirs, rauagee & oppressee de fonds en comble pour vne poinee de gens qui s'estoient voulu cantonner à la Holandoise, dans le sein de vostre Empire. I'escoutois auec regrets, les tristes plaintes, de tant de braues capitaines qui sont morts valeureusement en cet eschec pour vostre seruice, & ne me pouuois tenir de pleurer de voir les campagnes Françoises teintes & empourprees encor vn coup du sang de mes pauures sujets, ie ne pouuois entendre sans souspirer, tant de furieux combats, tant d'assauts violens & de sanglantes escarmouches ou vous vous precipitiez vous mesmes, & ne se passoit moment ou ie n'eusse crainte de vous voir tomber en quelque danger: Mais en cecy vos ennemis mesmes ont bien recogneu que le Ciel fauorisoit vos entreprises, & que les armes que vous auiés leuees estoient iustes, aussi vous a-il donné ses plus verdoyans Lauriers, pour ombrager à iamais vostre gloire, & immortaliser ceste conqueste.

Maintenant ie viens vous congratuler de toutes ces victoires & vous cöiouir au milieu de tant de triomphes, & principalement, de ce que vous aués donné la Paix à vos sujets, en cecy vous aués autant acquis de renommee, que parmy vos plus grandes conquestes. Vous auez peu apprendre de moy, combien la clemence est recommandable à vn Roy, il faut que ceste vertu marche en paralelle auec la Iustice, & qu'elle tempere son ardeur. Le pardon gaigne le cœur d'vn sujet : la clemence le ramene au vray sentier de l'obeyssance, & le plus souuent on a par amitié ce que la force ne peut emporter.

Il est tres-vray, que la guerre que vous auiez entreprise estoit iuste, vos ennemis auoit le tort : car de vouloir demembrer mon Empire, desraciner les loix fondamétalles, sapper les constitutions, boulnerser les ordonnances, se mutiner & fermer la porte à celuy de quy on tient la vie, c'estoit trop entreprendre : Vn sujet pour quelque pretexte qu'il puisse prendre, n'a iamais le droit de se rebeller. Ie sçay bien que les Rebelles vous auoient donné iuste tiltre de courroux, tant de cercles, assemblees & monopolles prattiques contre vostre commandement dans vostre propre Royaume, tant de seditions, mouuemens, secrettes menees & reuoltes faite dans la France à vostre desceu, estoient plus que suffisans de vous attirer de Paris pour en prendre la vengeance, aussi ont ils esprouué à leur dam, qu'il ne se faut iamais souleuer contre son Prince, ils ont peu remarquer que les diuinités des Cieux sont contraires à ces mutineries, & que s'ils ont eu de l'impudence & de l'affronterie pour vous soustenir & pour se rebeller, vous auez eu de la force & de la puissance pour les renuerser.

Mais puis que ce different est terminé par vne heureuse paix : puis que la belle Astree qui auoit pris la fuitte pour ne voir tant de meurtre ny tant de carnage est encor vn coup descenduë du Ciel, puis que les Temples de Ianus sont fermez, & que vous estes retourné triomphant parmy tant de guerres intestines qui ont voulu ruyner & sapper cet estat : Puis que Saturne, comme la France espere, va faire renaistre l'ancien Siecle d'or tant desiré par mes bons seruiteurs: Puis que Pandore est allee espancher sa boitte venimeuse sur d'autre Prouince. Iouyssez grand Prince, iouyssez heureusement du repos que vos longs & penibles trauaux vous ont acquis iouyssez du bon-heur qui vous a accompagné en vos voyages. Puisse aduenir que la Paix ne s'eslongne iamais de vostre lict de Iustice. Face le Ciel, que vous protegiez vos sujets sous vos Edicts auec tranquilitez & concorde.

Ce sont les saincts desirs que ie fais pour vostre Royalle grandeur, ce sont les souhaits dont vos sujets chargent les Autels de vostre gloire, ce sont les vœux qui s'appendent à vostre retour triomphant. La France vous benit de luy auoir donné la paix, vos sujets oppressés vous loüent & chantent vos triomphes parmy les plus angoisseuses peines, & par ceste paix esperent de iouyr encor vn coup du repos qu'ils ont perdu par les guerres passees.

Mais cependant puis que vostre Royaume est en concorde que tout est reuny à vostre Couronne, & que ceux qui s'estoient retiré de vostre obeyssance, ont esté en fin contraincts de retourner à vostre misericorde, vous deuez maintenant ietter les yeux sur vos voisins, voir s'ils ne font rien à vostre desaduantage, considerer leur maintien & preuoir leur projets; c'est vne maxime d'Estat qu'vn Prince doit prattiquer.

*Parcere subiectis & debellare superbos.*

Si vn Roy fait la guerre & que son Martial courage le porte à suiure les armes, il doit appaiser tant qu'il peut les guerres ciuiles, & esteindre le brasier qui s'allume dans son propre pays: car le discord y est bien plus grand, les ruynes plus apparentes & les combats plus sanglants.

Vous sçaués que l'enemy que i'aye iamais eu plus grand en teste c'est l'Espagnol, il est couuert, & ne se nourrit que d'embuche. La France pourra tesmoigner combien i'eus de peine à chasser ceste Hidre de mes terres, & à luy trancher ses ambitieuses testes, vous deuez ietter les yeux sur ses desportemens, & voir de loin les orages qu'il premedite. L'Espaignol ressemble proprement à la Gangrene, qui empiete tousiours & corrompt le mẽbre ou il se iette, iusques là, que les ferremens les plus violens ne sont pas souuent capables de le faire reculler.

Voicy que tous les iours i'entens des plaintes qu'on me fait de cet ancien ennemy, on me rapporte qu'il enuahit & qu'il empiette tous les iours sur vos voisins à vostre desaduantage & contre les traitez & accords faits par le passé, vous y deuez prendre garde & preuoir les machinatiõs & stratagemes de ceste ancienne ligue.

Il y a deux ans & plus, que pendant vos voyages contre les rebelles, il a choisi son temps & a pris l'occasion pour enuahir les Ligues, Grises & la Valtoline, vous vous pouuez bien souuenir du manquement de la parolle qu'on auoit donnee à Monsieur de Bassompierre, Ambassadeur en Espagne pour ce sujet, & que cõtre tous droits diuins & humains par ceste escapade, on vous veut boucher le chemin du Milannois & de l'Italie, ou vous pouuez auec Iustice pretendre de bons droicts. C'est vn poinct d'Estat, tout le Conseil d'Espagne ne butte qu'à agrandir leur Couronne au despens d'autruy, & sur les debris de toutes les autres Republiques & Monarchies, bastir les pretendus triomphes de leur grandeur: c'est là ou de tout temps ont visé toutes leurs pretensions, c'est ce que leurs courses, prattiques, guerres stratagẽmes & batailles ont tousiours eu pour obiet. Ce qu'ils font, c'est de miner peu à peu, & non tout à coup (car cela sembleroit trop creu & indigeste) les Royaumes, de s'acquerir la puissance souueraine

raine de toute la terre tout ce qu'ils ont enuahy de tout temps a esté ruyné de ceste façon, leur domination est tirannique par apres, & quant vne fois ils sont entrés dans vn pays de conqueste, difficillement en peuuent-ils demordre, toutefois ils ont esprouué iadis en moy, qu'ils auoit affaire à vn rude guerrier, qui ne les a point laissé long temps ioüir de leurs vaines pretensions & conquestes.

Vous deuez repasser par vostre memoire tous les inuentions dont ils ont vsé pour vous embrouiller en vostre Royaume, pendant qu'ils recheroient ceste enuahissement.

Vous aués peu recognoistre toutes leurs ligues, leurs brigues, leurs conseils & monopolles, & par quelles voyes desaduantageuses à vostre Couronne, ils ont tasché d'empietter sur vos voisins, ils se sont premierement pretextés du manteau de Religion, pour faire trouuer bon au Pape l'enuahissement qu'ils desiroient faire de la Valtoline, & des Ligues Grises: Ce qu'ils executerent en fin par vn massacre general qu'ils firent au mois de Iuillet 1620. dans plusieurs Eglises desdites Prouinces sans aucun respect de sexe ny d'aage. Faisans donc voile sur ce fleuue de sang, ils se rendent maistres absolus de ce pays desastre, qui a traisné en suitte la perte du Compté de Chiauene & l'entiere oppression de l'ancienne liberté des Grisons, qui ont estés de tous costez enseuelis & enuironnez des trouppes Espaignolles iusques à ce que par le moyen du Duc de Milan, ils ont esté contraints de s'asseruir à leur obeyssance, & d'accoster toutes les loix qu'on leur a voulu prescrire, & ainsi on les a fait non seulement renoncer à la Valtoline, ains à plusieurs autres priuileges qu'ils ont eu de tout temps.

En tout cet enuahissement, il n'y a aucune Prouince plus interessee que la France, puis que par dessus toutes les autres Republiques & Monarchies, elle en a pris la deffence.

Sur ceste nouuelle (comme dit est) vous auez enuoyé vostre Ambassadeur à Madrid pour r'accorder & reunir ce demembrement, les articles y sont signez: mais on n'a rien obserué de tout ce qui y auoit esté arresté: Car premierement, il estoit porté, que toutes choses seroient remises en leur estat, & qu'il n'y auroit rien d'innoué, que les soldats tant d'vne part que de l'autre, seroient congediés, excepté l'ordinaire garde.

2. Que les principaux Seigneurs de la Ligue Grise, donneroient vn pardon ge-

neral aux traistres & rebelles qui auoient fait sousleuer la Valtoline & plusieurs autres particularités qui auoient esté conclues & arrestees dont l'effet ne s'en est ensuiuy: car au lieu de le faire executer, le Gouuerneur de Milan par des prattiques secrettes qu'il auoit auec l'Archiduc Leopold coniura leur totalle ruyne, lequel de son costé a tasché à renuerser tout le pays.

Plusieurs demanderont dequoy il importe à la France, que les Ligues des Grisons ou que la Valtoline, soit en la domination de l'Espagne : mais s'ils prennent garde aux profits & aux aduantages qu'elle en peut tirer contre la France, ils verront que ce n'est pas sans raison qu'ils vsurpent le pays. Ioint que l'Archiduc Leopold ny le Gouuerneur de Milan n'eussent faits de si grands efforts pour le subiugner tout à fait.

Premierement, vous sçauez que la Duché de Milan vous appartient de droict de succession aussi bien que le Royaume de Naples, & qu'on ne peut vous en empescher la domination qu'en forceant les loix fondamentalles des Republicques. Or est-il, qu'ayant ce droict sur lesdites Prouinces & villes qui sont maintenant sous la domination des Espagnols, vous pouuez quant bon vous semblera repeter ce droit, & redemander iustement ce qu'il vous appartient, pourquoy mettre à chef, il en faut venir aux mains: Qui est-ce maintenant qui ne iuge à l'œil, que le passage vous estant bouché, la conqueste vous en sera difficille, & que tout estant fermé du costé de la France, vous ne pouuez estendre vos confins plus loin, ny dilater vostre Royaume? C'est en quoy ont songé vos ennemis cependant que vous estiez empesché à desbrouiller par vostre presence le chaos qui se formoit dans l'estenduë de vos Prouinces, c'est en quoy ils ont tesmoigné combien ils aimoient le remuement & l'innouatiõ, ça esté de tout temps vne des craintes de l'Espagnol, que vous ne prissiez les armes, pour reprendre ce qu'on vous enuahit dans l'Italie. Voicy vne autre consideration qui vous doit mouuoir à apporter à ceste playe vn prõpt secours, & de remedier au plustost à ceste gangrene qui gaigne insensiblement dans vos Estats. C'est que les Espaignols ont fait ce qu'ils ont peu pour posseder toutes les Alpes, & de tenir toutes les aduenuës, afin de vous empescher, non seulement d'entrer en l'Italie: mais aussi de prester secours aux Venitiens de qui la puissance les incommode fort, & qui les soustiendront iusques au dernier souspir: Or vous pouuez assez iuger combien est preiudiciable à vn Roy puissant en armes, renommé en vertu, & redouté par tout le monde, comme vous estes, d'auoir ses passages fermez & non les aduenuës libres pour aller dedans & dehors son Royaume ou le droit de sa cause le peut appeller.

A tout cecy, il faut que i'adiouste les calamitez & les malheurs ou se sont veu plongez les pauures Grisons despuis deux ans & demy qu'ils ont ressenty les desastres de cet enuahissement, il n'y a celuy dans vostre Cour qui ne le sçache, & toutefois personne n'en parle à vostre Majesté. Il est impossible de vous declarer les cruautez, les tirannies, les rapts & sacrileges qu'on y a commis, ce sont des malheurs vniuersels, qu'on ne peut expliquer ny de bouche, ny de cœur, c'est assez, que pour dire tous les maux qui s'y sont faits & perpetrez, que ce sont les Espagnols qui y sont passez: car vous disant cecy: c'est dire toutes les tirannies qu'on se peut imaginer au monde.

Or estans les Couronnes de France & d'Espagne, les deux equilibres de la Chrestienté, il n'y a point de doute, qu'à mesure que l'Espaigne dilate ses confins & qu'elle accroit par ses vsurpations iournalieres, les estenduës de sa grandeur que la France en diminuë d'autant, & tombe, non seulement en vn mespris odieux: mais mesme en tel estat, qu'elle ne se pourra d'ores-nauant tenir asseuree dans ses limites. La France, dis-ie, qui au siecles passez estoit en reputation d'estre l'arbitre de l'Italie, l'ayant par fois desliuree auec de tres-puissantes armees, par fois auec l'apprehension, retiree de l'enuahissemẽt que ses ennemis en minutoient, & combien que ce Royaume soit de tout temps demeuré protecteur des Grisons, par le moyen de ses alliances, ça esté neantmoins sans aucune vsurpation tirannique ou apparence d'abus au dommage d'autruy, au lieu que L'Espaignol & la maison d'Autriche, qui du costé de Milan & de Tirol, affectent la plaine & entiere domination de ce pays, pour leur propre interest & au grand preiudice des autres Prouinces & Estats voisins, qu'ils tiendront, tant en Allemaigne qu'Italie bloquez & reserrez.

Ie vous laisse donc à iuger & à tous bons François, s'il est raisonnable de permettre cet enuahissement sans prendre les armes & affrãchir ceste pauure nation, de ce coup qui l'a terracee tout à fait.

L'honneur & la reputation de la France y demeurent specialement engagez, puis qu'on leur a promis à Madrid de restituer la Valtoline, & de remettre le tout en son premier estat, ce que tant s'en faut qu'on ait effectué, qu'au contraire, on s'est empiété de tout le reste du pays au grand mespris de la parolle qu'on auoit donnee.

En fin, pour conclurre ce present aduertissement (Grand Prince) Souuenez vous de mes anciennes confederations, & de la protection que vous auez prise de tous ces pays, vous ne sçauriez trouuer occasion plus belle pour faire preuue de la martialle ardeur qui bout en vostre ame qu'en ceste rencontre il y va de l'honneur de la France, le sang espandu de tant de pauures esclaues qui sont maintenant reduits sous la domination de l'Espagne, vous demande Iustice, & crie vengeance deuant vous, leurs regrets & leurs plaintes qui s'eslācent iusques aux Astres vous doiuent esmouuoir à prendre leur deffence contre ces nouueaux enuahisseurs, vostre propre interest y est couché. C'est vostre cause, ce faisant, le renom que vous vous estes desia acquis par le los de vos armes glorieuses triōpherōt de la mort & du destin, vos voisins vous craindront, vos peuples vous reuereront, les nations esloignees vous aplaudiront comme au plus grand & redouté Monarque de la terre, & outre tout cecy, les Grisons & autres pauures esclaues qui respirent maintenant les derniers accez de leur vie sous vne si inique oppression & tirannie, vous feront à iamais obligez, & tiendront à bon heur d'estre remis en leur premiere estre sous vos saincts & victorieux auspices. A cecy, ie vous coniure de par mes Manes propres, & par les prieres que vous en peut faire l'ombre de celuy qui vous a engendré: mon esprit reposera tousiours plus content quand i'auray veu effectuer ces miens aduertissemens.

FIN.